441 李仁芳博士 策劃
實戰智慧館

成為
別人心中的
一個「咖」

讓你的職場與人生更富有

吳家德 著

獻給我的父親母親
是您們的言教身教
讓我成為熱情的人

目錄

Part 2 創意，打造非凡業務力

Part 3

行動，深耕好人脈

Part 4

信念，讓自己美好

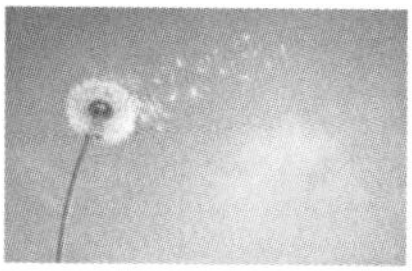

推薦序

一個人的美善

劉克襄（作家）

五月初，接到家德的電話。他說有兩位日本人在拍一部行腳節目，目前正朝台中方向徒步邁進。他說要介紹，讓我跟他們認識。

電話這頭，約略知道此事後，其他也沒聽清楚，便滿口答應。我這樣輕率允諾好像不妥，但彼此結識以來，情誼甚深，相信他的為人。只要有事拜託，我往往都是先說好，再了解詳情。

初時，我以為，自己也主持旅遊節目，他才會牽此緣分。殊不知並非這等職業關係。再仔細了解才明白，主要是我住在台中。家德估算了一下，再過一陣，他們就要走到台中，希望我能略盡地主之誼。

我當然繼續保證，一定去接風。但後來才知，家德跟這兩位日本人也是意外邂逅。彼此語言不通下，以簡單英文加上比手畫腳，再透過 google 翻譯，竟也能談到一些旅行目的和行程內容。這對東瀛夥伴，一位是攝影師，鎮日扛著攝影機，另一位是主持人，捧著一顆台南撿拾的石頭，準備一路從墾丁走到桃園機場。他們沿台一線，每日二十公里，藉著苦行感謝台灣。更要把這股傻痴的熱勁帶回日本，走進福崗軟體鷹的主場，以此行之意義開球。

但按節目遊戲，還有一殘忍規定。唯有當軟銀鷹在日本職棒比賽中贏球，他們每天才可得到台幣七百五十元左右的生活費，包含住宿。如果球隊輸球，則沒有零用錢。而且，他們必須在五月底前存到二萬出頭，才能買機票回日本。意即一天只能花費一百多元，其他都得靠人家招待。這樁使命必達的任務，想必得付出強大的毅力和考驗。

家德覺得，應該展現台灣人的熱情，讓他們一路遇到幫忙，因而一路找朋友叮嚀。我在台中，自然要扛起這份責任。

這就是他，路見人家有難，一定拔刀相助。縱使不認識，彼此擦身，都會停下腳步，過來探問。幫助別人就是幫助自己，就算身上沒多少銀兩，還是願意掏心掏肺，做一個可能改變，讓這個人完成當下想要完成的好事。

還有一回，高雄氣爆那晚，我在三多路星巴克講演，家德前來捧場。講演結束，不少讀者排隊購買新書。其中一位年輕的讀者趨前翻看後，也極欲購買。但掏錢時發現手頭鈔票不夠，露出遺憾的臉色。家德在旁邊注意到了，主動掏錢幫他買了一本，贈送給他。

事後，家德跟我分享，看到有人想要讀書，手上忘了帶錢，於是幫他支付。完成此一小事，反而讓他充滿快樂。但那年輕人有些不好意思，家德順手遞一張名片給他，告訴這位年輕人，如果日後想要還錢，有空經過時，隨時可進來還錢。沒有亦無妨，就算交個朋友。只是一個小時後，發生氣爆了，我未再聽到那位年輕人的任何訊息，因而一直掛記在心。

這是我所知的，家德最近做過的數十件好事之一二。以前遇到家德，他的周遭總是充滿這類故事，有時便發生在我眼前，自己也參與了。有時則是他分享，最近參與的地方事物，一些社會各階層的人物形色。故事遇多了，有時我不免驚奇，他為何會比別人多了這樣的美麗人生。原因無他，家德展現了一般人少有的，對社會的好奇觀察，還有熱情的奉獻，願意把別人的困境當成自己的遭遇。

這事說來容易，真要去執行，其實相當困難。除非滿懷悲憫和關愛，同時對自己的付出和犧牲怡然自得。我和他認識多年，一直深受啟發。很少看到他在這類事情遇到挫敗，或者陷入低潮。又或者，我相信他一定也有這樣的沮喪，只是很積極地轉化，快速地移開或擱置。多數時候，他保持高昂的熱情，展現積極而正面的力量。

嚴格說來，他從事銀行業，而我是個喜愛撰文拍片的寫作者，彷彿難以交集的平行線。但很微妙的，不知何原因，就是會有這種生活緣分，兩個人常常聯絡，平常需要時，彼此都是對方的支持者。幾位朋友最喜歡形容，他是帶著佛心來著的人。但我覺得不止，家德還有一種主動積極的俠客精神，一般學佛之人還不一定能展現呢。

我猜想就是這種義助別人的行止，讓人欽服，我才會說什麼，都願意與其偕行。看看這個家園，還有哪裡，可以創造更多的美善之事。

推薦序

高高山頂坐，深深海底行

王浩一
（作家）

近日，與習佛的朋友聊起唐代藥山惟儼禪師，他說了一些禪師的偈語，讓我有如雲開見月，頓開的天光，些許照入，一陣歡喜。其中，有朗州刺史李翺問說：「如何戒、定、慧？」禪師回答得有趣：「貧道這裡無此閑傢俱。」我這裡沒有這種「閑傢俱」，意思是人間沒有這種工具。

李翺不懂，禪師補述：「太守欲得保任此事，直須向高高山頂坐，深深海底行。閨閣中物捨不得，便是滲漏。」我得到此千多年前的偈語，一些自省，卻也想起了家德。

吳家德是多年來在台南識得的朋友，跟我身邊喝酒笑語的朋友不同，也跟我文字相濡的諤諤之士不同。他，不容易歸類，是金融人士，卻也是佛家子弟；是紅塵之內的行銷傑出工作者，卻也是紅塵之外的千松樹下拾柴人。

家德，自學甚篤。他擅長將所學的，轉化成自己的動力，再增高自己的視野。《易經》的大有卦「艱則無咎」，說的是「在大獲所有之初，即能思量所以有大之艱難」。家德知道他所踩下任何石階，都是向上攀升的一小步，卻是不能省略的，書中「熱情，驅動工作」即有此自覺。職場是他的修道場，書中，說的不是一位成功的企業家的心得分享，而是一位「小小兵」的心路歷程或學習筆記。

我能夠理解，出版社喜歡出版著名人士的成功故事，因為英雄的路徑清晰，銷售的好結果容易臆測。然而家德不是所謂「成功人士」，他僅是往成功路上前去的路人甲，然而他的文章卻是「充滿喜悅，奔向目標，卻也是一路上珍惜沿路的風光，或是偶遇的陪伴人」。書中有動人相伴的小故事，讓閱讀者如我，有了投射情感的同理心，我，也看了自己年輕時在職場的心境與困境。

家德，自律甚嚴。這一點跟我不同，大大不同，我總嘲笑自己善飯多睡。他也跟我身邊一缸子自在閒適的朋友不同，於是，我總懷疑他是什麼星座？一定有一種新星座尚未被定義的，我是這麼解讀他。因為「信念，讓自己美好」，對我而言是牆上的標語，我是信仰「幾杯老茶，幾則舊事，幾分俠情」的道家情懷，學道，我學得是逍遙。家德，他學佛，學得悲憫；他也學儒，學得管理。管理職場，管理事業，也管理自己，這是很累人的使命，沒有熱情，做不久；沒有信念，做不好。

書中，幾則小故事，瑣碎平凡，卻是能量驚人。讀著讀著，總在心裡浮現東晉陶侃的身影，這位歷史人物以成語「陶侃搬磚」流傳世間，然而課本的解釋是：「形容人忍辱負重、不圖安逸、意志堅韌。」這個答案太八股了，無感。我所認識的陶侃，他六十歲時被權臣王敦擠壓到廣東督政，遠離了江南顛沛流離的百姓，雖然年長但是仍保有強烈使命感，他擔心有一天回到能夠發揮的職位之時，「已經老得動不了」，於是他自律早晚要搬進搬出百塊甓磚，鍛鍊心志與體能。他說：「吾方致力中原，過爾優逸，恐不堪事，故習勞耳。」自此六十歲到六十七歲不停歇，足足八年的勞務。這個年紀，這個信念，這個堅持。

我喜歡家德，也自覺不如家德，不如他多年搬磚的毅力，第三章「行動，深耕好人脈」，他能夠「不斷勞動，鍛鍊自己的心靈肌肉」。我跟他相比，顯得我的肌肉鬆弛。

家德，自慎甚遠。他還年輕，生命的道路仍有許多美好花朵，等著沿路綻放。但我也清楚地知道：家德自我謹慎踏出每一天的每一步。光明的背後總有黑暗，歡唱的場所，角落必有可憐人依然落淚。「如何戒、定、慧？」每個人都有一輩子的自我功課，家德的，我自己的，每個人的，世人各自不同。

家德迥然不同於其他人，他早早很清楚自己的人生功課，記錄、察覺、知足，也樂在其中。我則是渾渾噩噩地到了五十歲時才「知天命」，自此我理解了自己的每一晨昏，每一件事，每個悲喜。相對於家德的早慧與篤定，我是羨慕的，我也期待他的生命路徑發展，期待聽到更多他捻花而笑的體悟。

推薦序

藏在國產車與快遞箱背後的溫暖人心

謝文憲
（商業週刊、蘋果日報、遠見華人職場專欄作家）

我南部的朋友不多，家德是少數且重要的朋友，故事從我新書的首場南部簽書會開始講起。

多年前我出版第一本書時，有個機會在高雄演講，那時剛認識家德。天真無邪的我，在臉書上公布這消息，希望壯大自己卑微的聲勢。沒多久，他馬上主動敲我：「憲哥，你南部熟嗎？我可以去左營高鐵站載你到演講會場喔。」我是個很怕麻煩朋友的人，更別說是不熟的朋友，不過他的熱情與積極真的很難讓人拒絕，我勉為其難地答應了他，我的好運就此開始。

有些朋友為了彰顯他開的好車，有時會特別服務我，也為了讓我看看他的尊榮，業務老手如我，得到他人好處，一定會適時讚美朋友開名車的成就。而家德就開一部國產車，普通到不能再普通的國產車。

但他的談吐與他開的車子形成一種極為強烈的對比，他是銀行的分行經理，理應是個帶有銅臭味的職位，與擁有無時無刻不攀談金融產品的華麗口條，但以上特質他都沒有。他是個文藝青年，喜歡看書、交朋友，懂朋友的需求，一個溫暖、有料、有善心的好朋友。

於是，我以後去高雄、台南演講或上課，只要他有空，他都會來接我，我們在狹小的車內空間，有著許多聊天分享的美好回憶。他的熱情不會寫在臉上，但啟動聊天模式後，就會感受到他是個「用熱情驅動世界」的人。

跟他在一起很簡單，沒壓力，很舒服，也很享受。

他有時會寄很大一箱的郵局快遞箱給我，起初我都以為是名產，打開以後才知道他寄來我的新書，一整箱，二十本起跳。他要我在每一本書上簽上名字，再加上他朋友的名字，一來，他很理解作者需要被滿足的小小虛榮心願，二來，他順勢運用他的豐沛人脈，幫助了我，也幫助了他的朋友們。

尤其是他銀行的部屬與同事，很多都是我在遠東銀行的學員，由他出面買書，轉手跟憲哥要簽名題字，就是他的巧思安排。他正是這樣的人，默默為別人付出，創造三贏局面，沒有壓力、不會勉強、順水推舟、借力使力。

他利用忙碌的公餘時間，到國中、小學安排理財演講；他助印一千本小冊子分送給需要的人，幫助宣導善念；他引薦重量級的講者給佛光山南台別院，造福南部鄉親，提供知識與書本帶來的豐富饗宴；他會特別請理專好好服務我，讓我無須擔心人住北部卻在南部開戶，所帶來相對麻煩的隱憂。他就是這樣的人：處處為他人著想。

看完家德的新書，我誠摯推薦給每位職場工作者，尤其是即將踏進職場的新鮮人，平凡如他，銀行的AO，能夠平步青雲、業績達標、處處受人賞識，一定有他成功的道理。如果您問我，我會說：「誰說業務應該怎麼做？誰說銀行經理應該怎麼做？誰說人生應該怎麼活？誰說助人應該怎麼做？他偏不這樣，要成為他人心中的大咖，先成為自己認定的大咖。生活是一場熱情的遊戲，家德定義了這場遊戲的規則：用熱情驅動世界。」

憲哥誠摯推薦這本書，您一定會喜歡。

推薦序

成為別人心目中的咖，而非眼中的咖

蔡詩萍
（作家、廣播電視主持人）

要讓自己成為別人「心目中」的一個咖，其實並不容易。至少，我是這樣相信的。

這倒不是因為你沒錢，沒地位，沒權力，沒名聲；事實上當然，若你都擁有這些，是典型的人生勝利組，你大有可能什麼都不做，就會成為「別人眼中」的一個咖。

但請注意，我說的是「別人眼中」而非「別人心中」。眼中或心中，差別很大，眼中看你是咖，心中未必誠心誠意當你是咖；相對的，我若心中視你為咖，那麼即便在他人眼裡你什麼都不是，那也無損於我對你的尊重！因為在我心裡，我早看到了你是一個咖的實力與分量。

換言之，成為別人眼裡的咖，可能多半只是看到了一般的外在評價；而在我們心裡是咖，則必定由於親身感受了這個咖跟我之間，深深的內在連結。可能是一個真誠的扶持，可能是一次慷慨的解囊，可能是一場義氣的相挺，當然更可能是萍水相逢卻見證了人間處處有溫情的貼心與信任。

要舉例說明這之間的差別嗎？回頭想想我們身邊最親密的關係吧！朱自清筆下那個矮矮胖胖、在月台邊爬上爬下的爸爸，很可能在旁人眼裡不過是一位平凡的中年男子，但當他抱著一堆橘子，滿頭大汗，迎向他的孩子時，他必然是他孩子心底永遠不會遺忘的大咖了。

這世間，又有多少例子，不是經常告訴我們，那些看來權大勢大的大咖們，卻常常由於身敗名裂，淪為孩子羞於啟齒的爛咖嗎？

我於是很能理解，我的朋友吳家德何以要寫出這樣一本書了。成為別人心目中的一個咖，是一種感動，是一種超越世俗價值的友誼，是一種你在冬天覺得溫暖、在夏日覺得清涼的感受。我們於是不需要那麼在乎自己到底有什麼世俗的成就，我們只須感動於對方竟然把我們當成上賓，當成摯友，當成一輩子可以信賴寄託的知己。一旦如此，還有什麼不滿足的呢！

我讀唐詩，每每讀到杜甫的〈贈衛八處士〉，其中一段：「夜雨剪春韭，新炊間黃粱。主稱會面難，一舉累十觴；十觴亦不醉，感子故意長。明日隔山岳，世事兩茫茫。」常常令我默而嘆息，真朋友何須常常見面？好朋友何須見面擺排場？知道你來了，全家出動，殷勤問候，真情流露的粗茶淡飯，亦勝過虛情假意的山珍海味，不是嗎？

我對家德兄的印象，一直長保我們在台南初見面的畫面。他知道我去了台南，說什麼都要盡地主之誼，即使陪我逛逛，吃吃小吃，都無妨。

我們在他刻意帶領的小吃店裡，邊吃邊談，他還真能聊，從台南的大歷史到台南巷弄裡的小吃，無不侃侃而談。末了，他還給我一個驚喜，說台南的帆布事業自有一段繁華至衰落的歷程，但有家老店，值得去支持，於是帶我去了一家無論怎麼看都徹徹底底是間老店的帆布行，幫我訂了一個帆布書包。價錢便宜，誠意無價。幾週之後，我在台北收到這個書包，百般把玩，深深著迷於它的樸拙與童趣。是家德的這個帆布書包，把我拉回到國、高中時期，背著書包，每天上下課，在慘綠少年的路上，仰望未來朦朧未明卻充滿希望的年代。

一個帆布書包，不過是家德兄一方面想幫助台南一家老店的心意，另方面則想給新朋友一個禮輕情意重的小驚喜，卻深深給人留下了「這朋友真是有意思的一個咖啊！」的印象。

這就是吳家德做為一個朋友，最使人感動的特質。他總能在淡淡不經意的過程中，恰如其分地表達他的善意，兼及他想幫助的另一方。我們周遭或有這樣的連結點朋友，不過在過猶不及之間，很少人能像家德這樣，剛剛好，總是恰如其分的在那裡，帶著微笑，親切地跟你揮手致意。

很高興終於看到家德把他的心法寫成一篇篇的文字。成為別人心目中的一個咖，很難嗎？不會的。至於方法與態度，就讓吳家德，他來告訴您吧！我是蔡詩萍，我很高興在家德的心裡，在他的書裡，有一個咖的位置。真好，我想到了那個掛在我書房裡的帆布書包。

推薦序

推銷熱情，銷售夢想，販賣美好人生

洪信德
（遠東國際商業銀行總經理）

吳家德先生目前擔任本行嘉義分行經理。吳經理不惑之年，進本行之前已在幾家國內外同業歷練並取得研究所學歷，屬於我們遴選現代化銀行經理人的目標族群。更難得的是，他比眾多同儕更明顯的業務員人格特質。我們的分行以財富管理的理財業務銷售為主要功能，其他行政庶務多半已集中化或網路化了。我們銀行的經理人團隊在冰冷的數字與沉重的業績壓力氛圍中，仍如吳經理所自許的——推銷我的熱情，銷售我的夢想，販賣我的美好人生。

吳經理愛讀書，也每以作者簽名的書本相贈。他要出書並請為之推薦，卻是幾分意外！讀了書稿，驚訝於他精彩的生活、樂於助人的態度；尤其看到一個成功的業務經理人所有天生的基因、後天的訓練養成，以及對紀律的要求與堅持。他以近五十篇小故事表現出來，夾記夾敘，有很高的可讀性，值得有心者一篇一篇地讀，慢慢地消化反思。雖然作家與高階金融主管合體的雙主修路途，肯定是漫長且挑戰性高的，讀畢此書的人，應該都會相信吳經理可以順利達標。

他信服「C型人生」理論——工作不再是一件苦差事，而是一種有趣的創新遊戲。相信生命將能帶來更豐富精彩的生活，因此「他的人生閱歷多於同年齡的人許多」，這也是這本書值得看的地方。

成功的經理人必是一位行動派的人，才能掌握稍縱即逝的機緣。吳經理就是一個行動力很強的人，「一定要有行動，才有發生好運的機會」。

他每天不斷地書寫人生，「透過文字，溫暖別人；經由故事，打動人心」。七年如一日，記錄機緣巧遇，與眾多相識和不相識的人分享，多難能可貴的堅持及心地！吳經理努力「做個有故事的人」，這本故事書裡沒有宗教色彩，沒有艱澀文字，更沒有怪力亂神，有的只是教導我們如何愛，如何活在當下。

來自各方的美好推薦

（按來稿先後排列）

熱情驅動，樂在工作！讓你成為職場贏家

數月前，應佛光山南台別院之邀前去演講，在台南高鐵站，一位熱情洋溢的年輕人開車來接我，他遞上名片，開始介紹自己，侃侃而談。他說，接送講師是他最開心的一件事，因為每個老師坐上他的車，他都可以跟他們請益，在車行途中，就像進入寶山一般，可以挖掘到每個老師的神秘世界。他挖老師的寶，也不吝分享他如何經營客戶。他就是吳家德。

家德沒有特別「顯赫」的履歷表，他目前是遠東銀行嘉義分行的經理，但他勇於表達與分享，此刻他出版《成為別人心中的一個咖：讓你的職場與人生更富有》，就是給進入職場的有為年輕人正向能量的好書。

此書從「愛上工作」開始，加以熱情驅動，然後用創意、行動、信念打造自己的美好人生，在這本書上，彷彿看到我三十年前的影子。一九八五年我進入《財訊》工作，我常說我每天都吹著口哨去上班，因為熱愛工作，從踏出家門迎向公司，就歡喜期待著進辦公室。寫稿寫了三十幾年，

辦了一輩子雜誌，從來沒有喊過一個「苦」字，如今，我已在這個職場上「努力」了三十幾年。

很開心家德有當年我用熱情驅動，樂在工作的影子。他請我為他寫序，我當然滿心喜悅地為這個熱情洋溢的年輕小伙子美言幾句。記住，用你的熱情去燃燒鬥志，樂在工作才是最幸福的人。

——**謝金河**（財信傳媒集團董事長）

充滿驚喜，卻又理所當然

我在一篇文章中，提過一部我很喜歡的法國公路電影，叫做「Tour de Force」（騎動人生）。一個從小就愛騎車的中年業餘單車素人阿佛，為了提供穩定的生活給老婆和青春期的叛逆兒子，只能將自行車夢藏在心底，在一家贊助環法賽車隊的自行車公司上班。他得到機會去環法賽支援公司的贊助車隊，卻讓老婆震怒，阿佛酒後失態也被老闆當場開除，在一切已經糟得不能再糟的情況下，乾脆用自己的方式參加從小就夢寐以求的環法賽。他比正式選手們提前一天出發，騎上跟正式選手完全相同的路線，雖然不符比賽資格，卻沒有人能夠阻止他這段總共三千五百公里，分成二十一段、二十三天的旅程。就算沒有象徵榮耀的黃衫，也沒有人能否認他確實騎了環法公開賽的事實，因此感動了其他爾虞我詐、忘了初衷的專業車手，還有電視機前廣大的觀眾。

當時我會想到這部電影，其實就是看到家德的臉書，他在銀行的正職之外，還到各級學校去跟城市和偏鄉的孩子們談理財。「難道在銀行當分行經理還不夠忙嗎？就算要培養客戶，也輪不到那麼小的孩子們。但我覺得可以理解，他正在騎他自己的環法單車賽。」

在這本書中，重新看到這個自己幾乎已經遺忘的故事，有一種溫暖、美好的感覺。好像在旅行途中的青年旅館巧遇的朋友，分道揚鑣後彼此專注於世界上各式各樣的人事物，卻又一直不忘初衷地走在當初說好的路上，最後繞了地球一圈之後，終於在原處相遇。那樣充滿驚喜，卻又理所當然。

——褚士瑩（作家）

改變世界的奇蹟

我一直相信，「工作」是一個人的神殿。

無論士農工商、男女老少；無論是經營一個兩口之家的小確幸，還是運作一個跨國企業的大革命，只要擁有發自內心的熱情、創意與善意，都可以讓這座「神殿」的存在，不再只是日復一日的沉悶繁瑣，而是能夠在一個人的生命裡不斷創造改變世界的奇蹟。

而我所相信的，正好和家德在他新書中所分享的生活心得不謀而合。很高興看到一個青年世代，有意識地運用他的熱情、創意與善意，去豐富自己與他人的人生。十分期待他的正能量，可以透過此書傳達給台灣社會各個階層，特別希望年輕的一代，從每個人的神殿出發，運用熱情、創意與善意，為自己的人生與台灣的未來，創造出更多令人振奮的奇蹟。

——**陳立恆**（法藍瓷總裁）

讓自己更溫暖、更有能量

認識家德是一件幸運的事，他的熱情善良影響了我對人生的看法。在人與人的關係裡，我以前常保持悲觀，偶爾還會受到傷害。家德的出現，讓我學會趨吉避凶之道，那就是記得跟壞人保持距離，多多親近溫暖善良的人，更重要的是，要盡力讓自己更溫暖、更有能量。

他提攜職場後進不遺餘力，且每每對陌生人伸出援手，結下一段又一段的善緣，種種利他的作為幾乎已經成為反射動作。有這樣的朋友，我深感光榮。這些美好的生命故事，如今都在家德筆下散發著動人的光澤。閱讀他的文字，我感受到那最善好的祝福。

——**凌性傑**（作家）

關於富有這件事

跟許許多多的人一樣，我和家德的相遇到相識，或許有幾分巧合，卻也因為他的積極與熱情打動了我。他就是那種無時無刻無不充滿正面能量，並且感染給周遭的人。我更佩服的是，他可以兼顧好自己的工作，在職場上發揮得淋漓盡致，並且和他推廣善良與美好的業餘愛好，雖不相關卻毫無違背地並行，永遠有用不完的體力與行動力。

知道自己要的是什麼，實際追求與達成，讓自己的人生更富有，這彷彿是理所當然的理想抱負，但真正能做到的人少之有少，而家德卻是始終實踐，完全融入了生命之中。這也是我最羨慕與想要學習的富有，謝謝你，老朋友，重新定義也教會我這件事。

——**何厚華**（資深音樂人、作家）

自序

生活是一場熱情的遊戲

我人生的座右銘是「熱情驅動世界」。

很難想像，學生時代的我，是內向害羞、不擅言詞。踏入職場的我，竟然轉變成外向自信、侃侃而談。這改變過程的催化劑，沒有別的，就是「熱情」而已。

幾年前，我曾經在臉書寫下一段勉勵自己的話：「讓自己的人生，成為別人有趣的事件；讓別人的人生，成為自己成長的關鍵。」目的就是告訴自己，要認真過著精彩的生活，也要懂得欣賞別人的美好。

生活之於我，就是一場熱情的遊戲。或許你會問我，熱情有那麼神奇嗎？怎麼創造熱情呢？又如何保有源源不絕的熱情？

我會告訴你，因為生命是一條單行道，不可能回頭，也不容許我們蹉跎，而用熱情過生活，才是最幸福的人生方程式。擁有熱情，就能產生魅力；擁有魅力，就能散發能量；擁有能量，就能製造熱情。這是善的循環，能帶來好運。想當然耳，每個人都想要過著幸福又幸運的人生吧。

我非常認同一句話：「我荒廢的今日，正是昨日殞身之人所祈求的明日。」時間是公平的，公平的是每人每天都有二十四小時；時間是不公平的，不公平的是你永遠無法知道是無常先到，還是明天先到。所以，「讓自己活在日常，才能珍惜平常，更懂人生無常；讓自己快樂生活，才能天天樂活，更懂沒有白活。」是我常分享給周遭朋友互勉的話。

這本書的內容多數是以故事的型態呈現。我認為，用說故事方式寫出來的文字，最能引起讀者共鳴。熱情生活的極致表現，就是你不用刻意去想故事，因為故事天天出現在你的生活裡。身為一個說故事的人，我想要借用故事的力量，帶出故事背後的核心價值，不論是職涯或生涯，讓讀者產生連結與想像，進而對工作精進與生命意義有所觸動。

這些故事所要傳遞的，也正是書中的四大篇章：「熱情工作」、「創意業務」、「行動人生」與「美好信念」。在每一個主軸中，我用自己的親身經歷告訴讀者，能夠開放心懷無私付出、樂在工作創造績效、善用人脈達成目標、幫助別人成就自己，是多麼令人開心的事。

回顧自己的職涯，發現有一件事情是重要且關鍵的——踏入職場的第二年起，我就開始從事「業務」工作。因為當了業務，讓我面對被拒絕的挫折也不輕易退縮；當了業務，讓我發現運用創意的方法做事，是件很有成就感的事；當了業務，讓我有機會結識好多朋友與客戶，才能寫出真誠的文章；當了業務，讓我體會「與人為善」的生命態度，才是保有熱情不墜的主要原因！

我熱愛交友直、友諒、友多聞的朋友。當自己慢慢回顧與每一位朋友或客戶的結識過程，幾乎沒有商業的目的，只有充滿甜蜜的回憶，那都是生命的美好大戲。

生命是一條長河，職場是長河上的其中一艘船，熱情則是驅動前進的燃料。當熱情已是一種生活態度，幫助別人也就成為一種習慣。我常對自己說：「態度決定高度，格局影響結局，付出才會傑出，關懷使人開懷。」也就是這些激勵人心的字句，讓我更有勇氣與力量挑戰未來，也在工作領域上，展現正向積極的人生觀。

謝謝遠流出版公司的文娟、祥琳、宏霖，願意給我這個菜鳥作家機會，是您們的鞭策才能讓這本書問世。感恩幫我寫推薦序的好友、長官們，是您們對我的認同與肯定，讓我可以在熱情的道路上繼續走下去。最後，更要感謝一直支持我的家人朋友，對於你們的關愛，我永遠心存感激。

Part 1

熱情，驅動工作

每一份工作的價值，都是自己去定義。
沒有一個工作是卑微的，
只有當你沒有熱情與鬥志時，
才是卑微的開始。

從愛上工作開始

每一份工作最後都只剩下瑣事而已。
找「工作」不難，持續「樂在工作」較難。
對於樂在工作的定義，我的見解是，
要能不怕「重複性」，更要找到「成就感」。

很喜歡英倫作家艾倫．狄波頓（Alain de Botton）在他暢銷書《工作！工作！影響我們生命的重要風景》裡的這句話：「工作和愛一樣，是人生意義的主要來源，能為我們帶來滿足，也可能摧殘我們的心靈！」

因此，選擇一份自己喜愛的好工作，不僅會有幸福感，對於爾後人生的發展影響甚鉅。

某日，一位剛出社會工作不久的朋友問我，如何知道自己是否真的喜歡目前的工作？我簡單地告訴他，其實有兩個指標可以衡量：

第一，這份工作內容對應本身已經具備的專長，縱使很有挑戰，但做起來很有成就感，也能夠激發熱情與創意，就是好工作。

第二，這份工作的各方面條件，適合自己的生活型態（Lifestyle）而能樂在其中，不覺得累。

舉例來說，有些人喜歡朝九晚五的固定工作時間；有些人對於彈性上班時間樂此不疲。又，有人喜歡團隊一起打拚的感覺；有人卻只想要一個人安安靜靜做著自己可獨立完成的事。

若能符合這兩項原則，就是很有吸引力的工作，當然會做得很快樂。

這幾年，有幸到幾所大學擔任講師，分享生涯規劃與探討職場競爭力的議題，深刻體會莘莘學子的徬徨與無助。他們徬徨的是，不知道自己適合什麼工作？到底是找本科系範疇的工作好，還是找自己喜歡，但不一定學校有教的工作；他們無助的是，學校老師的職場經驗有限，能給的方向與建議不多，終究要靠自己跌跌撞撞摸索才行。

關於前者，我的看法是，學校畢竟是基礎教育的建立，有其專業養成的底蘊，若能找到相關科系的工作，上手較快，也較能累積豐厚的實務經驗。但，很弔詭的，有許多人總覺得讀錯科系，不想要從事與學校所學有關的工作，希望打掉重練，有所改變。關於這類人，我的建議是，若你勤勞肯學不怕苦，態度正確又謙卑，主管通常願意重新教導。但可預見的，這類工作專業門檻低，業務性質的比重高。

關於後者，也就是如何跨出找工作的第一步，發現自己職場的桃花源，很重要的，平時就該累積求職的能量，這個能量包含「能力」與「興趣」。若能找到兩者兼具的工作，恭喜你，這份工作就是你的最愛，好好下手不要放手。若是只有能力沒有興趣，套句我的好友謝文憲（憲哥），也是企業的內訓大師所說的：「**專業讓你稱職，熱情讓你傑出**。」你頂多平順，無法高人一等。若是只有興趣但缺能力，端看你是否能忍受「十年磨一劍」的考驗，用成果與成績讓別人對你驚豔。

找「工作」不難，持續「樂在工作」較難。對於樂在工作的定義，我的見解是，要能不怕「重複性」，更要找到「成就感」。

前些日子，聽了作家好友褚士瑩在TED的分享，他說：「每一份工作最後都只剩下瑣事而已。」與我認知的一份好工作，到頭來就像是每天吃三餐一樣的規律與平凡相同。但心態上可以不同的是，既然都要吃，可以選擇吃飯或吃

讓你富有的心靈存摺

一個人先不必忙著決定自己想做什麼工作，重要的是，應該清楚在選擇某項工作之後，究竟想要使自己變成一個什麼樣的人才是。

麵，讓自己的菜色可以變換自如，永保新鮮。

工作若能自我實現也能幫助別人，就是一種成就；工作若能創造快樂又能帶來幸福，也是一種成就。這些都無關乎爬到高位或賺多少錢。成就感是內心喜悅程度的評量，只要做得開心有樂趣，在自己心中就是一份好工作。

工作讓自己發現更好的自己，好工作讓自己能快樂地做自己。做自己，真的不難，就從愛上工作開始吧。

職場三要事

提早思考未來的工作願景（Vision）與工作價值（Value），
並記住三要事：走在老闆後面，想在老闆前面；
在學校重視成績，在職場重視考績；
在學校 IQ 取勝，出社會 EQ 致勝。

近年來，我常受邀到大學，對應屆畢業生演講職涯規劃。對於這種和大學生對談的場子，我是非常樂此不疲的。總覺得對這群孩子有一種使命與責任，想要用自己過來人的經驗告訴他們，如何少走冤枉路，可以更快地符合主管的預期與要求，當一位職場的傑出新兵。

演講中，我都會提出走入職場的三要事，告訴他們，畢業出社會之後應該要注意的成功關鍵因素。這三個重點如下：

第一，走在老闆後面，想在老闆前面。

這句話是我在職場工作將近二十年的心得總結。這裡的老闆泛指主管。當一位幫主管解決問題的部屬，又能讓他感受到你對他真誠的尊敬，是在職場優遊自在的關鍵。或許有許多上班族會抱怨說，老闆就是豬頭，主管就是機車，我真的很難和他們相處。這時，我有兩個見解。

其一，我覺得「沒有不好的老闆，只有跟到錯老闆。」你應該專注在你想學習成長的部分，若他只是對事要求嚴苛，不見得是壞事；若他是對你有成見，也應先檢討自己是否有改進之處。若單純的對你不爽，或許真的要有「此處不留爺，必有留爺處」的打算。

其二，先用同理心思考，如果你是主管這個角色，你會怎麼做？你的解決方案比他有效嗎？若有效，是否可以找主管溝通討論？還是決策思考也和他一樣呢？若是，那也就沒什麼好抱怨的。這個重點在於越位思考，讓自己化身為更上一層的主管，學習下決策與指令。再者，如果真的遇到爛主管，就告訴自己，以後千萬不要成為這種主管來對待員工。這時你會相信，連這位爛主管出現在你生命中，都是有意義的。

第二，在學校重視成績，在職場重視考績。

在學校的成績差一分，不會怎麼樣，在公司的考績差一級，可就差很大。我相信只要在職場工作多年的人，一定會有所感。

我用例子讓同學明白。假如張三與李四同時間進公司上班。張三表現平平，當然考績也就只能平平，熬了三年終於達到公司升遷的標準，晉升一級。李四很有企圖心，他的考績年年特優，非常受到主管的喜愛，幾乎每年都晉升一個職位。我問同學，經過三年之後，張三與李四有何不同？

同學通常會告訴我，職級與薪水都不同。我說沒錯，那還有什麼不同呢？這時，同學就很難講出不同之處了。我說，照這樣的邏輯下去，在其他條件不變的情況下，之後他們的人生大不同。

我進一步解釋，張三與李四假設起薪都是三萬元，張三因為表現平庸，第一年沒有加薪，李四因為傑出，調薪五％，變成三萬一千五百元。隔年一樣，張三不變，李四變成三萬三千零七十五元。我再補充，若再加上李四升官的話，薪水一定調更快。

重點來了，經過十年後，張三可能經由慢慢升遷，薪水變四萬。李四卻因為年年調薪又升遷快速，薪水已達八萬。我問同學，李四除了比張三多一倍的薪水外，還有什麼會多更多呢？答案是年終（績效）獎金。先不管景氣的榮枯，

讓你富有的心靈存摺

自信，是自己給自己最棒的禮物。
信心，是老天送自己最好的禮物。
自信心，是天助自助之人的禮物。

李四有可能因為績效特優拿到八個月的獎金，而張三可能至多三個月。換句話說，李四的這一包獎金高達六十四萬，張三卻只有十二萬。光獎金就差了五倍之多。這就是我要說的人生大不同啊。

第三，在學校ＩＱ取勝；出社會ＥＱ致勝。

學生在學校，或許因為智商過人，考試分數高，而受到大家的喜愛。但，這一套標準到了職場上完全被翻轉。出社會工作，會不會做人可能比會不會做事來得重要。

很多學校的高材生，自恃聰明，較不喜歡與人互動交流及請益。這種人雖可以獨力完成一人之事，但遇到必須跨部門組織的協調與溝通，可能就會吃鱉與碰壁。反而那種溫良敦厚、待人和善、情緒穩定的人，因為受到大家的口碑讚賞，說他好相處、好溝通，反而更能夠在職場吃得開，說了算。

演講最後，我會建議這群準社會新鮮人，提早思考未來的工作願景（Vision）與工作價值（Value），這是我附贈給他們的「雙Ｖ哲學」。也祝福他們勇闖職涯，遇見美麗的彩霞。

天使的工作

客人一進營業廳，沒聽見爽朗的問候聲都非常不習慣，
頻頻問櫃檯人員：「你們家的保全員離職了嗎？」
讓我不禁汗顏，當我不在一個單位超過一個星期，
會有那麼多人想起我嗎？

有一種職業，每天都會熱情地說出以下的招呼語：「早安，歡迎光臨。」「您好，歡迎光臨。」「慢走，歡迎下次再來。」

猜？是什麼工作必須這麼有禮貌地服務客人呢？是便利商店的店員？百貨公司的電梯小姐？還是五星級飯店門口的服務生？或許，以上的職業都會這麼說，而你我也司空見慣。但，你相信會說出這些問候語的人，竟是來自一位銀行的保全員嗎？而這位仁兄，就出現在我之前工作的分行。他是翟大哥，一位笑口常開，充滿服務熱忱的退役軍人。是好爸爸，也是好丈夫，更是我銀行不可或缺的最佳第六人。

翟大哥讓我對軍人的印象徹底改觀，他不僅具備幽默感，也很愛閱讀、唱

歌，簡直是琴棋書畫樣樣來。從他黝黑的臉頰，你完全看不見歲月在他身上留下的老態，反而是洋溢著青春活力的笑容，做好他保護銀行安全的重責大任。他說：「我是一位保家愛國的革命分子。」我說：「你更是一位才華洋溢的中年才子。」

翟大哥總是很早就到公司，或許是分行的傳統，還是他的創意想法，他每天都會煮一大壺麥茶供應給來行辦理業務的客人飲用。久而久之，他煮茶的功力受到各方的肯定與讚賞，許多客人總是在完成交易後，喝一杯麥茶再開開心心地離開。

說個冷笑話吧！有一天他問我：「經理，你知道麥當勞的弟弟，叫什麼名字嗎？」我左思右想，怎麼猜都不對，他說，讓我來告訴你答案吧，是「麥仔茶」，因為他們都姓麥呀！真的，這個笑話比我說過的笑話都冷，重點是，這則笑話是他自創的，或許每天煮著麥茶，突發奇想，竟也能自得其樂。

有一次，因為國防部的軍事召集令，他必須回營隊受訓一星期。這位老兄竟在一個月前就讓我知道這個訊息，並告訴我希望能在他休假的前幾天，找來代班同事，以便他能做好交接工作。那時的我不以為意，點頭說好，心裡卻想：「距離休假還有那麼多天，老兄你急什麼急啊！」

但隨著他請假的時間迫在眉梢，心中竟燃起不捨的心情。不捨他的笑聲，不捨他的服務，不捨他的短暫離開。思緒上竟某種程度痛恨國防部的作為，心想：「幹嘛找翟大哥回去受訓？就算要回去，為何不是一、二天就好了？」

回想過去這十來年，從自己擔任主管職以來，對於同仁休假幾乎從來沒有不批准的，因為我相信適時的休息是必要的，那會讓自己回到工作崗位時更有精神與活力。但當下的我，對於翟大哥的請假，卻很想要說：「不，你不要走……」無奈，我無法改變這一切。

在翟大哥請假的一週裡，太陽一樣從東邊升起，客人依舊上門處理銀行事務，也都如往常，喝著他的職務代理人新鮮現煮的麥茶。但我相信，或許有一些人，在心中都有相同的疑問：「咦，這好像不是……」也有很多客人一進營業廳，沒聽見爽朗的問候聲都非常不習慣，頻頻問櫃檯人員：「你們家的保全員離職了嗎？」「你們家的保全調單位了嗎？」「沒有聽到他的聲音，怪怪的。」「他去哪裡了？會回來吧！」

讓你富有的心靈存摺

人若不能發光，至少也要發熱；若不能發熱，至少也要有溫度；若沒有溫度，至少也不能太冷；若真的太冷，就要找到人取暖。

不瞞各位，細數翟大哥請假的那一個禮拜，問過以上問題的客人高達百人之多，讓我不禁汗顏，當我不在一個單位超過一個星期，會有那麼多人想起我嗎？

在一次閒聊中，我好奇問翟大哥：「是什麼原因，讓你願意如此貢獻與付出呢？」他說：「我軍旅生活數十載，活到這把年紀，總覺得對這個社會沒有太大的幫助與付出，今天能有這個機會來銀行服務，我相當的珍惜並感恩。我從每個客人給我的會心微笑與噓寒問暖中，感受到施比受更有福的快樂。而人生此時不付出，更要待何時呢？」

看著翟大哥真情流露地說著，我心中也冉冉升起一股溫暖的感覺，心中自忖：「我是何其有幸，認識你真好，天使的工作也不過如此啊！」

雖然，我現在與翟大哥已經沒有同處一室了，我還是想對他說：「翟大哥，謝謝你，帶給我人生難忘的美好回憶。」

我們都崇拜嚴長壽

兩位員工同樣欣賞嚴長壽，一位略知皮毛，一位如數家珍。
核心能力的提升是職場不敗的定律；
除了有熱情外，更要具備目標與願景的規劃能力，
知道「三贏」才能創造共好的契機。

幾年前，我搭火車到花蓮市的某國小演講。因為單純出差就沒有自己開車。我特地上網訂了一家有接駁車服務的飯店。第一天來接我的是陳先生，陳先生是一位二十歲出頭、剛退伍兩年餘的年輕小伙子。

我一上車，他就很熱情地遞了一瓶礦泉水和濕紙巾給我，稍稍紓解我舟車勞頓的疲憊心情。

通常，有人對我服務如此周到，我也會展現南部人的熱情回應。我對他說：「辛苦了，給你添麻煩，真是不好意思。」陳先生連忙說：「不會，不會，這是我該做的。」接著我問他：「這是你的第一份工作嗎？工作還愉快吧？」「這是我第二份工作，之前是送貨員。我很喜歡現在這份工作，希望可以一直做下

去。」陳先生一邊開車，一邊回應我的問題。

我繼續問他：「那你在飯店業，有無尊崇的標竿人物呢？」陳先生頓了一下說：「嚴長壽吧！」我一聽到也是自己偶像的名字，突然有種他鄉遇故知的感覺，便開心地問陳先生有關嚴總裁的相關事蹟。「他的那一本《做自己與別人生命中的天使》你有讀過嗎？你看的心得如何呢？嚴總裁現在身體有沒有好一點？在台東創建的希望學堂，運作情況如何呢？」

陳先生被我這麼一問，完全答不出來，很不好意思地說，他只知道嚴長壽很有名，也知道他是飯店業的教父級人物，並沒有進一步深入了解他的概況。

下了車，到了飯店門口，我禮貌性地向陳先生要一張名片並將我的名片遞給他。陳先生說：「我是小人物，沒有客人會需要與我聯絡，所以不需要名片。」我尷尬地向他道謝，走向櫃檯 Check in。

隔天早上，飯店依約要載我去火車站搭車。這一次，載我一程的是另一位較資深的員工，他是王先生，在這家飯店已經待了七年之久，也當上客房部的領班。在車上，我與王先生又聊開了，再一次地，我問了昨晚相同的問題：「請問你在飯店業，學習的對象是誰呢？」

王先生隨即回答我：「我的偶像是嚴長壽。」還沒等我問他問題，他就先問我：「你也喜歡嚴先生嗎？我好欽佩他對台灣觀光業的付出與投入，也希望他身體能早日康復，他的書我都有買來看呢！」

聽完後，我心中相當明白，王先生除了在他的工作崗位認真做事外，也具備了服務業的專業與熱情。接著他又說，他也和嚴總裁一樣沒有高學歷，必須靠自己一步一腳印才能出人頭地，但他不忘當初進入飯店業的「初衷」，就是要做好「服務」的精神。

他說：「希望自己的服務態度能感染顧客，讓客戶感動。客戶感動後，就會有滿意度。再讓滿意度轉化為忠誠度，才會持續來住宿。有了客人肯定的好口碑，老闆的營運才能更上層樓，就能幫員工調薪謀福利。自然而然，員工就會更賣力地投入工作，做好服務客人的本分。這就是我的『三贏』哲學，客人、老闆、員工都是贏家。」

在車上聽完他的敘述後，我不禁給他拍拍手，並彼此交換名片，預約下一次的重逢。

這是我住飯店接送的小插曲，兩位員工同樣欣賞嚴長壽，一位略知皮毛，一位如數家珍。一位只想要一直做下去，而忽略了**核心能力的提升是職場不敗的定律**；一位除了有熱情外，更具備**目標與願景的規劃能力**，知道「三贏」才能創造共好的契機。

職場核心能力的提升其實不難，我的看法是：

第一，**建立專業技能**：透過專業讓自己成為一方專家。

第二，**不斷學習新知**：樂在學習讓自己成為資深行家。

第三，**厚植人脈存摺**：絕佳人緣讓自己成為職場玩家。

我喜歡服務別人，也樂於被別人服務，從服務的過程中，找到自己存在的價值。「幫助別人，成就自己」是我在服務業的金科玉律。因為服務客戶，所得到的微笑是最甜的；因為服務客戶，所獲得的感動是最真的；因為服務客戶，所創造的幸福是最美的。

需要我的服務嗎？請來找我。

讓你富有的心靈存摺

找出自己人生目標的好方法，先不問，我想要開始做什麼；而是問，我不能停止做什麼。

職場上最重要的小事

千萬不要眼高手低，整天只想做大事，而不願意做小事。
我希望他們踏入職場時，能將公司三合一影印機的操作
都搞到清楚透徹，每項功能都能瞭若指掌。

很慶幸，我是一位懂得享受工作樂趣的人。

原因並不是我已經當上銀行分行經理，享受人人稱羨的社經地位；也並非佔了一個爽缺，可以天天喝茶聊天看報紙，而是清楚知道，要扮演好職場角色，我該怎麼盡情演出，才能樂在工作。我能從跑龍套的小咖躍升為最佳男主角，關鍵的原因是——懂得從職場的小事做起。

我常常向周遭同事、朋友提出一個職場「飛機理論」：

剛踏入職場，猶如飛機正在跑道「**滑行**」。在跑道加速衝刺的這段時間，等同是選定一個適合自己的工作，義無反顧努力地付出。這段時間最容易改弦易轍，因為要多方嘗試，才知道哪一條道路是最適合自己飛行的。而願意從小事

做起的人，找到適合跑道的機率通常都較高。

在滑行一段時間後，因為速度夠快，跑道終究有盡頭，這時就要開始「**起飛**」，也代表從一位小職員邁向成為主管之途。拉升得越高，表示你的職務爬得越高。有些人會選擇在適當的高度停下來，開始在工作、健康與家庭三者之間尋找一個平衡點；有些人則是衝衝衝，衝到「高處不勝寒」而不自知。選擇哪一種，端看每個人的價值觀，沒有對錯，只有適不適合罷了。

最後，衝到一定高度時，終究要「**平順**」運行，也就是讓自己能夠平步青雲地往退休之路抵達。這時，職場歷練已經超過二、三十年，年紀或許也接近五、六十歲，體力雖然下降，經驗正是純熟之際。這個階段，好好享受職場最後美麗的時光與樂趣，為自己的職涯畫下沒有遺憾的句點。

一位就讀大學企管系的女孩，因為學校規定要到企業實習才可以畢業，她選了一家保險公司的通訊處當助理。做了幾天後，她發現工作內容很單調，每日例行的工作不外乎就是收郵件、打報表、幫資深同事跑跑腿。她告訴我，幾乎快要做不下去，因為內容太枯燥乏味了。

她問我該怎麼辦？該如何調整心態呢？

我先用一段話激勵她：「複雜的事簡單做，就是專家；簡單的事重複做，就是行家；重複的事用心做，就是贏家。」也就是說，能用**簡單的思維**、**重複的心態**、**用心的程度**去看待工作的人，就能讓自己成為職場的美學家。

接著，我跟她分享一個之前我遇見的美好案例，向她解釋因為「願意做小事」所帶來的好處。

幾年前，有一位聽我演講「職場競爭力」的大學生很開心地要來找我，她想要當面謝謝我對她的幫助和鼓勵。當時，我真的不知道發生了什麼事，讓她願意大老遠從台中下來和我碰面，只為送一個禮物給我，然後就回家。碰面後，這位已從學校畢業、步入社會的小資女告訴我，那一年的演講我提出了一個觀念，讓她印象深刻，而這個觀念，竟是帶她走入職場桃花源的開始。

說實話，我已經忘了當時我說了些什麼，我請她告訴我。

她開心地對我說，那時，我對他們這群即將踏入職場的應屆畢業生分享一個想法，也就是千萬**不要眼高手低**，**整天只想做大事**，**而不願意做小事**。我希望他們踏入職場時，能將公司三合一影印機的操作都搞到清楚透徹，每項功能都能瞭若指掌。

如果突然有一天，當老闆緊急需要列印文件，要使用到較有難度的功能時，因為在場員工沒有人會，只有你學過，這時候，你就能跟老闆說：「老闆，我會！交給我吧。」老闆對你的評價當然會是好的。

她記住也照學了。想不到，真有那麼一天，整間辦公室只有她會，當她完成所託時，老闆從此對她改觀，開始讓她參與公司一些更重要的事情。在他們同梯的同事裡，她應該算是最得老闆信賴的吧。

我讓她明白，到哪間公司上班不是最重要的，重要的是在工作的時候學到了什麼，就算是小兵，也能有立大功的機會。

小女孩用極度開心的口吻對我說出上述這個故事。

她的分享，無疑是對我最大的鼓勵。讓我明白，這些年來，苦口婆心地投入職場教育，結果竟是如此甜美豐盛。

有小資女的故事分享，當然我也該對她有一些回饋才是。我說：「了解他人的所思所想，需要**時間**，這是識人；認清自己所處的位置，需要**經驗**，這是識

讓你富有的心靈存摺
做事，借力使力，輕鬆愜意。
做人，腳踏實地，平安如意。

相；知曉以群體利益優先，需要**智慧**，這是識大體。**識人**、**識相**、**識大體**，是我工作精進的原動力。」

我接著又補充說：

識人的精髓就是「走在老闆後面，想在老闆前面。」

識相的本分就是「認清自己角色，用心的扮演好。」

識大體的關鍵是「態度決定高度，格局影響結局。」

每一份工作的價值，都是自己去定義。沒有一個工作是卑微的，只有當你沒有熱情與鬥志時，才是卑微的開始。能將職場小事做好的人，才有資格做大事啊！

看得見的用心

我駛入這家加油站數百次之多，
每次工讀生問我是否要加一瓶油精，我都直接拒絕。
而今天，竟然在沒有人問我的情況下，
為了這位洗車認真的小女生，我加了一瓶油精。

早晨，到住家附近的加油站，加油順便洗車。

在加油站洗過車的朋友都知道，加油站附屬的洗車場，洗車的仔細度與清潔度是不能與外頭專業洗車場相比的，因為價錢大約差了四到五倍。但現代人為了求快與便宜，這種附設在加油站的洗車服務仍然門庭若市。

若沒意外，這類附屬的洗車服務，都是加油站的工讀生客串洗車工。他們會依照加油站的SOP來幫客人洗車。一開始先用清水沖濕，之後再噴肥皂水，然後一或二位工讀生，一人負責一邊，拿著泡棉開始手工擦拭。經過工讀生賣力揮灑後，他們會請你往前開，開到定點後，大型機器就會啟動進行沖、刷、烘。對於這類的洗車服務，一般的車主，大概不會強求車殼亮麗如新，只希望抹去灰塵，看起來乾乾淨淨即可。

來幫我洗車的是一位大學小女生，留著短髮，頭上戴著一個大大蝴蝶結的髮圈，看起來非常俏麗幹練。在輪到我洗車之前，前面已經有一輛車正在洗。我在車內悠閒地聽著音樂，眼角餘光可以輕易看見她用心洗車的表情。

當輪到我進入洗車區時，她請我搖下車窗，給我這次洗車的發票，對我說聲謝謝。在交付發票的過程中，我感覺到她的青春活力，絲毫沒有疲態。之後在清洗的過程中，她依然表現出熱愛洗車的模樣，心情也沒有受到後面還有好幾台車子排隊等候的影響。

雖然我用一百元交換一個勞務，互不相欠，但對於坐在車內的我，看著車外勤奮洗車的小女孩，心中還是有一股感恩與讚歎的念頭。當她完成擦拭的工作後，微笑地請我打N檔，讓我的車繼續往下洗。而她，又很盡責快樂地繼續招呼下一部車主。

她洗車的態度讓我驚艷。我在車上思忖著，她怎能如此樂在工作？

車子烘乾後，隨即有一位男生跑來幫我擦車。他是這個加油站當班的主管，

讓你富有的心靈存摺

職場上生存兩法寶，
在工作中展現專業；
否則就要服務到位。

非常客氣地幫我把仍然濕漉漉的車身擦乾。我忍不住搖下車窗，請教這位主管，方才在前頭洗車的小女孩的一些資訊。主管一邊擦車，一邊告訴我說，小女孩家住羅東，來台南念大學，非常孝順乖巧，為了賺取生活費，久久才回宜蘭一趟，假日有空就盡量排打工，她對於工作的投入與付出，的確不會因為自己是工讀生而馬虎。

聽完主管的說詞，我發現我果然慧眼識「英雌」。這位大學生的工作態度是受到她的主管肯定的。我告訴這位主管，可否等一下幫我傳達我對她的讚賞之意。主管回我說，她剛剛可開心得很，因為排在我後面洗車的車主願意幫她加一瓶油精，她又能多賺一筆業績獎金。我好奇詢問主管，加一瓶油精要多少錢呢？主管說，兩百元。

這幾年來，我駛入這家連鎖的加油站數百次之多，每次工讀生問我是否要加一瓶油精，我都直接拒絕。而今天，竟然在沒有人問我的情況下，為了這位洗車認真的小女生，我加了一瓶油精。

你說，真誠的態度與用心的服務，力量是不是很大呢！

寫給為工作所苦的小蓉

很多人都想要尋找「好做」的工作，
卻忘了應該要「做好」自己現在的工作。
「好做」是人的本性，而「做好」才是本事。

Dear 小蓉：

這封信早該要在三天前寄給你，身為你的遠方同事，礙於自己工作忙碌，直到現在才提筆寫下，真是抱歉。有時候常常告訴別人，別因為太忙，而錯過人生中更重要的事情（及時寫信給你，帶給你力量，就是一件重要的事）。但想想自己，通常也是很難做到。正所謂說別人很容易，看自己卻很難，就是這個道理。

關於你的工作心情，我全然了解。那是無奈的感傷。也就是想做好，卻不一定能做好的思緒一直圍繞心中，有一種啞巴吃黃蓮，有苦說不出的感覺。這種心情，非金融行業的人恐難了解。所以，你想要找一個懂你的人訴說。謝謝你如此相信我，願意告訴我你的困頓。或許，我也不能幫你什麼忙，只能在電話那頭安慰你，鼓勵你。讓你知道，這個世界還是有人願意傾聽你，信任你。

的確，擔任一名理財專員，業績很重要。但，我要說的是，找出工作的價值與初衷，遠比只是做業績來得重要。

「有業績，諸葛亮；沒業績，豬一樣。」這是許多業務同仁根深柢固的觀念。好似業績好的人，就能得寵，世界以他為中心；而業績差的人，就被看扁，連立足之地都沒有。真的是這樣嗎？我倒不覺得，而是要去了解，業績會好背後的原因，與業績不好的關鍵是什麼。

所以，我常常與業務同仁分享我的「三中全會」業務哲學。

第一，當選擇業務工作後，一定會有**夢想初「衷」**，這是需要內化在自己靈魂裡的。

之後，開始努力工作，享受工作樂趣，讓自己的心情**樂在其「中」**。

最後，因為表現傑出，熱情有勁，自然而然就會**顧客效「忠」**。

我喜歡ＱＢＱ，就是了解問題背後的問題。然後找出方向，用對方法，才有機會邁向成功。我常常告訴別人，千萬別方向還沒有確立，就在使用方法，那有可能永遠都到不了目的地。

舉個例子，當你要往台北，台北就是你的目的地。若你現在在台南，你就知道該往北走，如此方向就已確定。之後，再選擇適合自己的交通工具，就是方法。你可搭高鐵，也可搭客運，當然你要自行開車也行。總之，方向對了，路再遠，一定到得了。

用「觀念」看事情，是一種態度。正所謂「觀念一轉彎，業績翻兩番」。觀念看似客觀，其實主觀。這與每個人的個性習慣、生活背景，及所處位置有關。而我想要告訴你的是，「相信自己」就是一種重要的觀念。從你與我的談話中，我知道你現在所面臨的處境，是畏縮也是喪失信心的。所以，重拾信心，找回當時的初衷才是當務之急。

相信自己不難，就是信念而已。信念成就實相，信念帶來好運。只要發正念，宇宙會為你發功，世界會為你轉變。說實話，我無法用文字形容這種狀態。但這幾年的經驗告訴我，只要發正念，幸運就降臨我身，幸福就會來敲門。你試試，真的有效。

讓你富有的心靈存摺

若你覺得「束手無策」的時候，那就是「放手一搏」的好機會。

工作是一種看得見的愛。「人生當熱情，工作當盡力，生活當精彩，日子當快樂」，很多人都想要尋找「好做」的工作，卻忘了應該要「做好」自己現在的工作。**「好做」是人的本性，而「做好」才是本事。**

如果，我們現階段不能選擇工作，那就只好接受這份工作的挑戰，因為這都是老天給我們的功課與恩寵。這封信能帶給你多少力量我不知道，但你會知道，我是用最大的力量寫出這封信。

人生是一連串的選擇與考驗，時而風雨時而晴。咱們一起微笑面對吧。

一位秘書的成功要件

一個人每天與好手接觸久了，
自己也會變成一位好手。經由近距離的指導與分享，
減少摸索時間與犯錯機會，才能倍數成長。

二〇一四年九月，我認識了欣慧。她的職務是公司的秘書兼人力資源部門的管理師。因為邀約她的老闆來台南演講的緣故，我們必須保持聯絡。在幾個月的聯繫過程中，我慢慢發現她有三種過人的工作特質：細心第一，貼心第二，耐心第三。

為何這麼說呢？

當我寄出演講邀約的Email後，她給我的回信內容讓我驚訝。舉凡當日搭車時刻的掌握度、演講投影片的寄送日期、提早寄了一批與聽眾結緣的書籍等等，都讓我看見她的**細心**。

次之，她告訴我，她老闆隔天一早還要進電視台攝影棚與賴清德市長一起錄

影，一定要搭上幾點幾分的高鐵，免得太晚回台北，影響明日的工作精神。

又，她會將她老闆的來回高鐵票用信封裝著，在信封袋上用大大的字體寫著搭車日期與時刻，讓她的老闆不用拿出來自行對照，以免看錯。她為老闆做的**貼心**舉動，讓我讚歎。

再者，在聯繫講座的過程中，我們時常通電話，除了報告進度外，也開始聊關於職場的話題。我感受到她有一份**耐心**的特質，不僅不會因為與我尚未熟稔而不願多分享。反而願意告訴我，關於她的工作大小事。

到了演講當日，我到高鐵台南站接她老闆，準備往佛光山南台別院開講。我們在車上聊得很盡興。關於與人聊天的功力，我自認不差，少有冷場。當聊到欣慧的工作表現時，她老闆露出一種得意的表情，開心地對我說，他押對寶，看對人，滿意極了。

演講結束的幾天內，我收到欣慧寄來的高鐵票根，準備幫她請款，也算是為這場理財講座做一個圓滿的結束。

嚴格說來，一般人若能有機會接觸或認識她的老闆，幾乎都會投以崇拜的眼神與態度，因為她的老闆具有極高的專業度與知名度。而她，不過是一位小秘書，多數人只會把她當成一位傳話人，甚少注意她的一切。

我的思維不同。關於親近她的老闆，我自認少有機會，也不敢叨擾，但對於她工作上的好表現與故事，我是更感興趣的。

因緣際會，有一天到台北出差的午後，我問她有空否？我說，借我片刻時光，建立友誼的開端。關於那種只有遠傳、沒有距離的感覺雖然很棒，但若有機會，我更想要面對面，真實地認識彼此。她在電話那頭告訴我說，沒問題，來吧！

進到她的公司，她算是好客，一見面就用微笑歡迎我，接著又端出現煮咖啡請我喝。我當然不甘示弱，馬上拿出早已準備好的小禮物回贈她。言談中，我幾乎一直問她關於職場的種種。話題不外乎圍繞在：你怎能那麼厲害，深得老闆之心；你工作經驗多年，最引以為傲的優點有哪些；當遇到困難與挫折時，都如何克服。她很有條理，也頗有邏輯地逐一回答我的問題。

在這十來分鐘的談話中，讓我清楚知道她能在工作當中發光發亮的關鍵法寶，其實有二。

讓你富有的心靈存摺
人生的道路，要思考，不要奔跑。
生活的步調，要幸福，不要起伏。

一是，能夠近距離向大師（她老闆）學習，對她的工作受惠不少。所謂一個人每天與好手接觸久了，自己也會變成一位好手。

二是，她嫁對好老公，她先生年紀大她約莫十來歲，也是一位高階的專業經理人，在職場擁有一片天。每當她回到家，她老公都會關心她的工作狀況，經由近距離的指導與分享，讓她減少摸索時間與犯錯機會，才能倍數成長。

謝謝欣慧不吝分享與交流，在一個美麗的午後，讓我感受到一股真誠與熱情的回饋。對了，她的老闆是財經界的大師，謝金河社長。

尋找工作中的上師

若想在職場上一路順遂，有兩大關鍵：
一是，用最短的時間找到工作領域的「上師」。
二是，工作職務永遠要往上看，不要往下看。

在職場打滾多年的人都知道，「老闆」這個字眼，不全然是「董事長」或「總經理」的代名詞，多數會是自己直屬長官的稱謂。若你是一般小職員，你的老闆可能是組長、主任、課長、襄理；若你已是中階主管，你的老闆不外乎是副理、經理、廠長、協理、副總這一類。

走過職場將近二十年，我的工作哲學是「**天涯必定有知音，職場必定有貴人**」。長久以來，我一直將我的「老闆」當成是我的職場貴人，而貴人就是我的標竿，也是我學習請益的對象。若能跟對老闆，世界將大不同。

縱使你與職場貴人已沒有主從關係，但在你的心目中，依然對他尊敬與景仰；雖然職場貴人已經不再指導你的工作，但只要自己遇上工作瓶頸或麻煩，第一個想要尋求幫忙的，也會是他。

對於感謝職場貴人，我有三種做法：

第一，一定的時間內，打電話或傳簡訊、寄卡片給他，表示關心或祝福之意。

第二，時常想起貴人曾經對我說過的話或做過的事，這些都是讓我生命成長的事件。

第三，把貴人幫助我的故事，用文字或口語，向更多人分享，讓這份情傳遞下去。

我在金融業的貴人是吳韻玫（Beryl）小姐，是她多年的教誨，使我在職場上更有勇氣與智慧去面對挑戰。而後幾年，讓我職涯更上層樓的關鍵人物，是Beryl前職場的直屬主管，陳銘泰（Cliff）先生，一位曾經官拜金融圈總字輩的銀行家。

Beryl與Cliff均出身外商銀行，金融資歷完整，教導後輩不遺餘力。他們兩位，都是我的職場教練。

踏入銀行業，我便訂定我的銀行職涯發展計畫。在自己努力下，有目標也有策略地執行工作願景，希望有機會能夠當上金融業的專業經理人。很幸運的，我前前後後只花了八年多時間，就當上分行經理的職務。我想，除了自己的目標明確外，也都要歸功於職場貴人的幫助。

我很幸運，在我銀行生涯的第三年就遇見他們。在兩位教練的賞識下，我投入他們的麾下，有機會向兩位貴人學習領導統御的功夫與哲學。

Beryl 對我「身教」居多，總讓我知道，捲起袖子幹活的魅力，是多麼能讓下屬甘之如飴的付出。Cliff 對我「言教」居多，總會讓我驚奇，還沒發生的事情，透過他的邏輯推演，竟能料事如神，經營未知的改變。Beryl 的外放性格與好人緣，是我樂於學習與看齊的對象。Cliff 的內斂作風與沉穩個性，更是我突破成長、邁向巔峰的最佳典範。

趨勢大師吉姆．柯林斯（Jim Collins）在《從 A 到 A⁺》這本書中，提到「第五級領導人」（藉由謙虛的個性和專業的堅持，建立起持久的卓越績效）的觀念。或許對他們而言，不敢以第五級領導人自居，但在我心中，他們早就是「第五級領導人」的代言人。

我常分享一個觀念，一位社會新鮮人，一定要在職場中找到你的 Benchmark

讓你富有的心靈存摺
走在老闆後面，想在老闆前面。
職場樂於奉獻，人生價值無限。

（標竿），不斷向他學習請益，是減少失敗的最佳法則。因為他會用過來人的經驗，讓你不用重蹈他當年的錯誤，達成事半功倍的成效。

若想在職場上能夠一路順遂，有兩大關鍵：

一是，**用最短的時間找到工作領域的「上師」**。雖然這不是一件容易的事，甚至可遇而不可求，但在自己心中，一定要有尋找職場貴人的心態。回想當年初見Beryl時，我就特別有感覺，深知她會是一路提拔我的伯樂。

二是，**工作職務永遠要往上看，不要往下看**。舉例來說，當你是副理時，就應該要漸漸學會經理的工作職能。問問自己，有朝一日若能升上經理，是否已具備當經理的條件？而不是只會回頭盯著下屬裏理的工作。

「士為知己者死，女為悅己者容」，是我對工作產生樂趣的原動力。職場中要能「**會跟**」貴人，他能幫你打通任督二脈，讓你元氣大增；若再能運用你的「**慧根**」，幫助貴人成就大事，則是功德一樁啊！

修好職場的第二學分：「向上管理」

忠誠度與配合度，說穿了就是「尊重」二字。
撇開職場的角色關係不談，人與人之間的相處也是如此，
只要能互相尊重，以禮相待，幾乎都能建立好印象。

與遠方同事莉萍第一次通電話。

莉萍與小惠因為多年同事情誼而成為姐妹淘，雖然她們現在已經沒在同一家分行共事，卻仍保持密切聯絡。莉萍是因為小惠的緣故才間接知道我。而小惠則因為過去工作上有一些問題，我曾經幫過她，讓她留下非常好的印象。

當小惠告訴我，莉萍說若是有緣，希望可以認識我。我說，沒問題，當然好啊。結束與小惠的通話後，我隨即打電話給莉萍，讓她知道，我非常樂於與她認識。

電話接通後，莉萍的確非常訝異我的立即行動。我告訴莉萍，這是我的習慣。對於想要與我認識的朋友，我必定用更熱情的態度加倍奉還給他，讓他知

道，我更感動於他對我的肯定，也謝謝他的關愛。

莉萍是一位講話親切、樂於分享的同事。電話中，我們聊職場也話家常。當然，話題聚焦最多的，還是圍繞在工作上的人際關係。她想要找我的原因就是，她與主管的關係進入了冰河期，不知如何是好。

這種感覺讓她難受，想要改善卻不知如何下手。

我聽了莉萍告訴我的一些內容後，便知曉，這是職場上相當難做的功課，也是許多職場老鳥在工作數十年後，還會慘遭滑鐵盧的戰役。這門功課，叫做「向上管理」。

我先對莉萍說了一個與她相似，剛發生不久的一個案例。

猶記得二週前，一位在業務工作表現傑出的晚輩來找我。他說，他要離職了，因為主管非常不喜歡他。當初這份工作是我介紹他去的，也因此，他要離職對我愧疚萬分。

他說，他真的很珍惜這份工作，也很努力達成業務目標。但，近幾個月，新來的一位業務主管，對他就是不順眼。他總是隱忍不語，想說時間會證明一切。到最後，主管不僅不領情他的沉默，反而變本加厲，加速他的離職。

他來找我的那時候，我就告訴他，職場的第一學分「業務能力」你已經修練完成，但卻忘了同時修習第二學分「向上管理」，終至扼腕敗北。

我花了一些時間開導他，也讓他知道，爾後的人生，對於與主管應對進退的對應，不可不慎。最後我告訴他：「在每一個傷害背後，都有一個領悟，那是人生禮物；在每一個領悟背後，都有一個傷害，那是人生百態。」

回到與莉萍的談話上，我告訴她關於「向上管理」的「一二三法則」。這是我從理論與實務所學來的，請她去試試。若有效，恭喜她，繼續展開樂在工作的新人生；若無效，放下它，因為人生不是得到就是學到，那都是美好的經驗。

「一二三法則」就是：一個觀念，二個指標，三個做法。

一個觀念是「**用愛出發從心歸零**」。

二個指標是「**忠誠度**，讓主管願意信任你；**配合度**，讓主管覺得你好用」。

三個做法是「**勇於承擔事情**；**樂於配合政策**；**善於溝通協調**」。

我繼續向莉萍說，第一個觀念要做到其實是最難的，因為人生很難從心歸零，忘記主管過去對你的恩怨。我又說，人生就是因為剪不斷理還亂，總是把

讓你富有的心靈存摺
心寬，則視野大。心窄，則世界小。關鍵，在於心境。心境，源自於愛。

許多糾結的複雜因素一起考量，導致因人廢事，意見相左。從心歸零的法寶是「愛」。只有愛，才能無私無我，欣賞美好，放下爭吵。工作上若能用愛溝通，敞開心胸，必定日漸有功。

第二個法則，強調的是忠誠度與配合度，說穿了就是「尊重」二字。撇開職場的角色關係不談，人與人之間的相處也是如此，只要能互相尊重，以禮相待，幾乎都能建立好印象。

第三法則建立在行動的過程。隨時向主管通報工作進度，主動回報現狀，再加以提出可能的行動方案讓主管下決策，這樣的互動模式，保證相安無事，天下太平。

我告訴莉萍，工作是一種看得見的愛，有愛的工作最美。人生幾何，歲月無多。多付出，少算計，工作才有意義。

掛下電話之前，我祝福莉萍轉念成功，也期待不久的將來，當我們見面時，她能告訴我，真的過關了。

你的主管是天使還是惡魔

把主管當家人真誠地對待，千萬不要有畏懼的心態。易位而處，如果你是主管，你會怎麼做，搞不好就能體諒他的決策與管理。

一早到公司，簡訊就響了，是志明傳來的。志明寫了幾行字，簡單又帶點哀怨的告訴我，他的直屬主管陳協理調到別家分行了。

他說，他離開前東家，就是知道陳協理是一位能夠讓他貼身請益的好主管。好不容易終於有機會，可以近距離向他心中的「好主管」學習時，不到幾個月的光景就破滅了。訊息文末，志明留下「我是迷途小羊」六個字，讀來讓我有一股淡淡的哀傷。

約莫三個小時後，春嬌也傳了一則訊息給我。她告訴我，情況不妙了，他的主管調走了，接任的主管竟然是陳協理。簡訊最後留下的文字是，「我可能要入地獄了」。這句話讓我看來，心情也有一股淡淡的哀傷。

志明與春嬌在同一家金控任職，但是分屬不同的分行，他們彼此不認識，而我卻認識他們二位。這次的調動，正是志明與春嬌的直屬主管互調。這算是公司正常的調度，只是我的兩位朋友對於此事都不能接受。

陳協理是一位風評如何的主管，我真的一無所知。但從兩位朋友傳來的訊息可知，反差之大，是令我感到非常訝異的。一位希望他不要走，繼續領導他；一位希望他不要來，深怕倒大楣。這都是陳協理不是嗎？

我稍稍花了一些時間，個別與他們深談，也就知道箇中原因了。

原來，陳協理在公司內部是一位強勢主管，有著過人的業務能力與交際手腕，他總是樂於帶著底下的部屬往前衝，個性賞罰分明，嫉惡如仇。對於業績較好的同仁，不吝讚美，給予實質的獎勵；對於業績較差的同仁，不留情面，總是罵到狗血淋頭才肯罷手。

因此，在他麾下的員工，若是積極想要學習成長的人，就很欣賞他的管理風格，紛紛展現走在老闆後面、想在老闆前面的工作態度；但對於不想要拚了命投入工作的同事，就很不喜歡他，總覺得他是工作狂，跟這種老闆共事很累。

志明是屬於學習型的員工，當然對於陳協理的調動不能接受，氣憤難消。陳協理的評價兩極，喜歡被他領導的人，享受工作帶來的成就感；厭惡他管理風格的人，能閃則閃，希望不要與他正面交鋒。當人事命令發布的時候，春嬌從公司內部其他同事的口中得知，陳協理是一位「狠角色」的主管，雖然她從未與陳協理一起共事，但只要想到未來的主管是一位嚴厲又強勢的人，也就不寒而慄，開始擔心受怕。

我告訴志明，對於陳協理的調動，隨順因緣，接受一切，搞不好下一個主管會更好也說不定。

反之，我告訴春嬌，千萬別預設立場，其他同事的感覺不代表自己真實的感受，用樂觀的心情看待這次調動，或許發現這才是你的天堂也說不定。

關於與主管共事，我稍有經驗，也樂於傳授我的想法。

第一，**把主管當家人真誠地對待**，千萬不要有畏懼的心態。其實，你若對主管恭敬開明，他幾乎能感受到的，這種亦師亦友的對待，當然能帶來好關係。

第二，**同理主管的處境與思維**。易位而處，如果你是主管，你會怎麼做，搞不好就能體諒他的決策與管理。

讓你富有的心靈存摺
用喜悅的心過日子，幸福會從遠方緩慢上門拜訪你。
用憂愁的心度日子，煩惱會從近處迅速破門侵襲你。

第三，**強化自己的心智**。遇見好主管，當成是老天給你的禮物，好好珍惜；遇見不好的主管，把吃苦當成吃補，練就自己的基本功。

我同時獻上祝福給志明和春嬌，告訴他們，這不過是人生的小考驗而已，也是職場的常態，不用放大解讀。只要認真快樂扮演好自己應有的角色，不論是與天使還是惡魔共事，絕對都是愉快的一件事。

最後，我告訴自己。當一位讓人敬重、但不會讓人害怕的好主管是我的職責，也希望能全然做到。

苦難是化了妝的祝福

「人到萬難須放膽，事當兩可存乎心」。
遇見困難時，應該要更大膽地勇往直前，不要裹足不前；
解決事情的智慧，憑藉的是從容不迫，平心靜氣。

Dear 維奇：

掛上電話之後，我還是想要為昨日的交談留下文字記錄，便寫了這封信給你。也透過字裡行間的心情，表達對你的關懷與祝福。

這幾天，經由每日的業績戰報，看見你領導的分行營運達成率不佳，猜測你應該壓力很大。想關心，又怕傷你心；想為你多做些什麼，又怕自己無法幫上些什麼。左思右想，我還是鼓起勇氣決定打電話給你，就單純地為你加加油，打打氣，也解解悶。我想，這是身為朋友兼同事該做的。

很欣慰，你比我想像中堅強太多，也開朗些許。

你在北，我在南，我們各自的分行距離超過三百公里，除了業績排名會有關連外，理應沒有交集才對。但我們卻願意互相打氣，為對方祝福鼓勵。這在業務單位應算少見，因為幹業務這行，都是為自身的榮譽爭得你死我活，多的是硝煙味，少的是人情味，哪有替敵人安慰療傷的道理。你說，因為我們同期進行，有一種「同梯」的情誼，是緣分讓我們彼此勉勵，是價值觀讓我們珍惜彼此。也因此，我們總是惺惺相惜。

在我打這通電話之前，你告訴我，已經有許多同事去電關心了，包括我們共同的好友瑪格。瑪格是一位自我要求很高的同事，在我們心目中，她不服輸的個性，讓我們看見什麼是能力的極限，也讓我們汗顏，原來我們還可以表現得更好。我相信有她的鼓勵與安慰，你一定也寬心不少。

電話中，你很疑惑地問我，為何對瑪格如此讚揚？後來我想想，可能有兩點原因吧。

第一，她業務能力超強，是我崇拜的原因之一。在我與她成為同事的那一年，她所領導的分行，業績是全國之冠。更難能可貴的是，她的分行是全新的，也是她一手草創的。也因此，我認定她的思維價值觀一定有異於常人之處，值得向她好好學習與討教。

第二，與她互動認識的過程中，對她生命的了解，是我崇拜她的第二原因。我總是藉機找她，聽聽她對事情的看法，我總是樂於傾聽，讓她願意對我說更多。因為知道她的想法，讓我視野更加開闊；因為感受她的不同，讓我發掘卓越之路。

瑪格曾經告訴我一件事，讓我記憶深刻。她說，她有一段時間早晨四點多就起床，從中和的家走路上班。我說，天啊，從住家走到位於大稻埕的公司，至少要兩個小時，不會累嗎？她竟然告訴我，**要比別人更強，就要訓練自己的體耐力**。再者，可以從走路當中去思考人生，這對自己是很棒的體驗。

她又說，「人到萬難須放膽，事當兩可存乎心」。意思指，人遇見困難時，應該要更大膽地勇往直前，不要裹足不前；解決事情的智慧，憑藉的是從容不迫，平心靜氣。

我想，瑪格來自戰地金門剽悍的人格特質，就是吸引我向她學習的關鍵吧。

去年，因你分行的好表現，讓我在年終頒獎的台下看見你頻頻上台，很為你高興也替你喝采。或許你的表現傑出，老闆相信你一定還可以挑戰巔峰。也因

讓你富有的心靈存摺

人在漲潮時，永保謙卑。

人在退潮時，準備起飛。

此，今年的你，比去年承受更多的業績壓力與期許，這些都是你未來的挑戰。雖然我們都知道業績的達成率很重要，但我們依然相信，提升分行工作的幸福感，才是業績長久不衰的關鍵。

喔，對了，想要謝謝你一件事。或許你早已忘記，我卻銘記在心。一年前，我到台北總行出差，當晚我住台北的飯店，理應搭捷運回去。那時你也走出公司門口準備搭計程車離去，你問我到哪。我說回飯店啊。你二話不說叫我一同搭車，直說有順路有順路，我也就與你共乘了一段。你知道嗎？這一段路，對我而言是美好且珍惜的，它的價值不是多少的車資，而是友誼美麗的編織。

最後，想要告訴你，苦難是化了妝的祝福。當你收到如此多的祝福時，你也就相信自己是一位幸福的人。未來，藉開會之便，我們還會相見，記得給彼此一個微笑吧。祝福你！

我透過感動的分享，讓陳小姐的服務變得具體且價值連城；
陳小姐經由熱情的服務，得到一份真誠的讚美與回饋；
而陳總裁聽見這鼓勵人心的故事，必然開心不已。
你說，這是不是「三贏」呢？

讚美服務你的人

一位長輩朋友要娶媳婦，我特地到「法藍瓷」專櫃購買禮物。多年前，透過一個演講活動的邀約，我認識了法藍瓷總裁陳立恆先生。陳總裁是法藍瓷的靈魂人物，也是台灣相當知名的文化創意領袖人物。近年來，當我想到要送禮給VIP客戶時，法藍瓷通常是我的首選。它細膩的造型、光滑的色澤及高格調的品質，常常讓我送禮又不失禮。

法藍瓷這三個字，除了是「好品牌」的象徵外，在我心中，更是「好服務」的代名詞。

陳總裁博學多聞，人文素養極佳，我很喜歡他的人生見解。他曾說「品牌就是做人」，能夠好好當一個人，就能創建一個好品牌。又說，他公司的核心價值是，「科技知識的真，人文修為的善，精彩藝術的美」。法藍瓷不賣瓷器，賣的是真善美、天地人。這些都是我謹記在心的名言。

某日，下了班，來到百貨公司的法藍瓷櫃位，迎面而來的是陳小姐。或許曾經在飯店工作過，現在又待在服務導向的金融業，讓我總有一個職業病，就是測試服務人員的工作熱情與服務態度。

過去幾年來，當自己擔任業務的工作時，客戶對我產生信賴的關鍵原因，不是學歷也不是專業，而是「**服務態度**」與「**關係程度**」。當你用「態度決定高度」自我勉勵時，通常也就是業績手到擒來的時候。

也因此，當自己在公司擔任主管後，也就特別重視員工的「服務」心態。我深信，第一線的業務或客服人員是一家公司的門面，也是業績成長的重要引擎。

而「關係」的建立，強調的是一種人與人之間的心靈默契，除了把客戶當朋友或家人是基本條件外，進而能夠用「真誠」與「同理心」來面對，都是讓客戶願意信任的關鍵要素。

不例外的，陳小姐這次成為我考驗的對象。我簡單問她，關於法藍瓷的原創設計理念與產品製作流程時，陳小姐不僅把陳總裁的理念說得明白，也告訴我，她就是認同公司的企業文化才到法藍瓷上班的。

當我在選擇禮品時，她不會急著推銷商品，反而是先問我，是要自用還是送人，有無特殊的需求與條件。她的耐心傾聽讓我印象深刻。

經過一番對答與回應，陳小姐的細心服務通過我的考驗，在我的服務考評上給予她極高的評價。最後，經由她的介紹，我敲定了購買的禮物。這又是一次美好的購物經驗。

故事至此，或許這只是一件稀鬆平常的事，有什麼好提的呢？一次美好的購物經驗，若要轉成一個打動人心的故事，你會怎麼做呢？

我採取了共好的做法，讓故事中的每個人，都是贏家。

結完帳，欲離開時，我告訴陳小姐說：「我認識陳立恆總裁，我想要告訴他，在你的公司有一位優秀且具有熱情的員工，是如此盡責地善待客人，這是一件令人感到快樂的事。」

陳小姐聽到後，驚訝地說：「真的不用啦，這是我應該做的，千萬不要客氣。聽到您的讚美已經很開心了，如果老闆知道你這麼說，他一定也很開心的。」

我說：「是啊，陳總裁經年累月地在世界各地奔波，每天莫不為了公司的品牌在打拚，若能知道他的員工也在背後默默地挺他，他一定非常開心，也會感到很欣慰才是。」

所以囉，我透過感動的分享，讓陳小姐的服務變得具體且價值連城；陳小姐經由熱情的服務，得到一份真誠的讚美與回饋；而陳總裁聽見這鼓勵人心的故事，必然開心不已。你說，這是不是「三贏」呢？

∞

再舉一個因為貼心服務所帶來的美好故事。故事的主角是 Tammy。

Tammy 是一位七年級生，我與她結識在星巴克的南科店。這家門市離我家只有五分鐘的路程，幾乎所有員工我都認識，而他們也都認識我。幾年來物換星移，多數員工有的離職，有的輪調，到現在還與我聯絡的，就是 Tammy。十年來，她從星巴克的工讀生，一直做到現在的店經理。

待過餐飲業的人都知道，每逢重大節日，如春節、端午、中秋、母親節等，都是業者的殺戮戰場。禮盒的銷售能接到多少訂單，更是衝高營業額的最佳途徑。而身為公司的一分子，員工多多少少要為業績扛起一些責任，也是公司績效考核的指標。更甚之，有些企業還會分配責任額，上至主管，下至工讀生，無一倖免，每個人都要為了數字，努力地衝衝衝。

Tammy是一位很用心服務客人的員工，基於「服務至上」的原理，我對於一些請求，幾乎都會答應，甚至還會幫她介紹客人。也因此，Tammy視我為忠誠客戶，縱使她多年前從南科門市調到南遠門市，依然與我保持聯繫，時時寄上問候卡片；而我也總是在她有業績需求時，給予她最實質的回饋。

她所展現的服務價值，就是「**創造忠誠客戶，並且把客戶帶著走**」的精神。服務業，或許不需要高學歷，也不需要高專業，最重要的是服務的熱情與態度。我不知道星巴克是否要求員工要做多少數字，還是Tammy自發性地替公司創造業績，不論哪一種，我都覺得Tammy的用心，讓我認同與讚歎。

人心，需要溫暖與滋潤；生命，需要鼓舞與希望；生活，需要精彩與分享。我希望每天都能用愛看世界，讚美周遭為你帶來美好感受的人。

讓你富有的心靈存摺

「感恩」是對人最高的智慧；
「讚美」是對人最大的回饋。

遠東奇緣

在轉換跑道的過程中，因為一張名片，
讓我與洪總還能保持網路上的聯繫，
而不至於生疏陌生，也充分揭露自己的行蹤。
這種千里一線牽的機緣，讓我一直與他保持良好關係。

想不到，我竟然有機會回到遠東商銀服務。

我畢業於元智大學企管系。那一年的大學聯考，我的第一志願是當一位國小老師。會興起想要當老師的念頭，很單純的思考，就是可以公費就讀，不向家裡拿錢，減輕父母親賺錢的辛勞；其次，畢業後出社會就有一份穩定的工作等我；第三，我隱約感覺，我喜歡教書，有一股愛與人分享的特質。

只可惜天不從人願，我的志願卡從第一個志願填到第三十五個志願都是師範學院，縱貫西部的師範學校幾乎全填了，就是沒有錄取半所。我上了第三十六個志願，元智企管系，這也是該系成立的第一年。

元智大學是由遠東集團所興辦，雖有財團色彩，但辦學口碑與經營理念，絲毫不輸給其他國立大學。在元智四年的求學生涯中，因為師資優，課程實用，奠定了我還算不錯的商學底子。

因為考量家境及想要早一點出社會工作，在大學時期就沒有打算考研究所，所以我的課業成績在班上只維持中等，不算突出。我們班的同學，若是學業成績表現較好的，可以拿到遠東商銀提供的獎學金，畢業之後還可以直接上班。我成績普通，連想也不敢想。

出社會後，做了將近一年半的傳產財會，我才轉進銀行上班。先在華信銀行（現為永豐銀行）擔任消金業務的ＡＯ（Account Officer）。那是一段衝放款、拚業績的美好歲月。我不得不承認，我的業務底子是在華信銀行打底完成的。當時，我很努力加強自己的本質學能，也很慶幸我的業務主管王智一先生對我的從旁指導，讓我成長快速。

因為消金放款工作表現優異，公司拔擢我擔任尊榮ＡＯ（業績目標是一半的放款與一半的理財業務），從那時開始，我的視野與領域開始轉戰台灣方興未艾的財富管理。

可能是自己一頭栽入理財的業務，舉凡對基金的研究或其他金融商品的吸引力，都遠遠勝過放款的吸引力。那時，剛好有一位友人告訴我，荷蘭銀行高雄分行正在招募理專，問我要不要去試試。我很快就收拾行囊，轉戰到荷銀。在外商上班的那段日子，讓我知道格局真的會影響結局。我在外商一個月所承做的業績，竟能達到在老東家的五倍之多，而這種成績，在荷銀只能算中上而已。

我的前業務主管王智一先生，後來被富邦銀行挖腳，擔任消金業務的主管。智一看得出我具備領導才能，便向當時他的直屬主管，也是我未來的職場貴人Beryl建議，可以找我一同到富邦工作。經過幾次的詳談，最後我通過富邦金控蔡明忠董事長的面試，開啟了我的主管職涯。

與貴人共事的那些年，是我人生快速成長的階段。我的領導統御漸成氣候，我的管理思維不落人後，我的業績表現更是讓對手瞠乎其後。我喜歡被老闆重用的感覺，我樂於被賦予任務的挑戰。

因為跟著Beryl做事太有默契了，當她被京城銀行挖角擔任高階主管兼董事一職時，她的一句話：「家德，來京城銀行幫我吧！」我便毅然決然，也沒問薪水多少就投向她的懷抱。放棄大金控的美好未來，卻屈就一家區域小銀行，那時只有一個念頭，就是「報恩」。我希望當一位被老闆倚靠器重的需要者，而不是只當一位不動如山的守成者。

到京城的前三年，我協助 Beryl 成立財富管理部門，負責建構與培訓公司的理專，並發展經營財富管理相關的工作。我從一名衝鋒陷陣的武將，搖身變成一個運籌帷幄的文官，還真的不太習慣。許多朋友告訴我，他們很羨慕我的機緣，可以深得老闆的信賴，成為得力的幕僚助手。但我心中深深明白，我的戰場永遠在外頭，我的血液流著想要與客戶互動的因子。也只有用數字與績效，才能證明自己寶刀未老，價值不斐。

最終，老闆被我說服，讓我接手當時是京城銀行僅次於營業部的第二大行——台南分行。我的確欣喜若狂，也勇於挑戰這份艱鉅的工作。我接台南分行經理那一年是三十五歲，創了京城銀行最年輕就當上分行經理的紀錄。

上任的第一年，我積極運作，努力成事。我辦講座，藉以強化客戶黏著度；我辦公益活動，來提高分行能見度。當時，我的分行副手玉娟非常幫我，讓台南分行的業績始終名列前茅。

到了任職的第二年初，恰逢遠東商銀合併慶豐銀行，正是大舉需要人才的時候。那時，一家獵人頭公司突然找上我，說遠東銀行要找分行經理，問我有沒有興趣聊一聊。我被這一通電話給震懾住了，心中想著，遠東銀行不就是自己畢業後曾經最想要去上班的公司嗎？但那時因為緣分尚未具足而作罷。

現在機會來了，要去？還是不去？這個問題在我心中思忖許久，一直沒有答案。之後，禁不起自己對遠東商銀的品牌認同，以及獵人頭公司的好說歹說，我還是北上與相關的主管見面了。

可能我畢業於元智，可能我績效還算不差，可能我有主管緣，不論哪一種原因，遠東商銀終究樂意雇用一位分行經理資歷只有一年餘的我，讓我一則以喜，一則以憂。喜的是，我的管理能力備受肯定；憂的是，我擔任分行經理的年資不長，太快轉換跑道，連自己都覺得不妥。

經過深思熟慮，我最後拒絕了遠東銀行的邀約。我提出兩點原因，說明我的決定。其一，我剛擔任分行經理一年多，年資尚淺，歷練不足，至少要有三年資歷才算完備，也才對得起前老闆的栽培。其二，有一家上市公司的券商，因為看到我對財管業務的投入與積極，便移點到我分行樓上，成為我的主交割行，也花了數千萬的費用裝潢；若我一走了之，好似對不起人家。

這兩點雖然說服了人資單位，卻讓遠銀的洪信德總經理親自打電話給我。對於總經理的親自來電，我實在誠惶誠恐，不知該如何是好。我們在電話中詳談許久，我很誠意地告訴洪總，倘若我在分行已任職滿三年，樓上券商也穩定發展，而那時遠東商銀還需要我，我當願效犬馬之勞。

雖然我沒有到遠銀上班，但我卻與洪總、周執副保持聯繫。原因很簡單，當時我曾與他們交換名片，也就將他們的 Email 加到我的通訊錄中。我每週都有寫作的習慣，那時臉書尚未盛行，我就透過 Email 的通訊錄寄出文章。收到的人幾乎都是我的朋友與客戶。於是，洪總也會定期收到我的文章。讓我驚喜的是，偶爾他看完我所寫的故事，竟會回信給我，也算是分享他的想法與建議。就是這種千里一線牽的機緣，讓我一直與他保持良好關係。

在我任職分行滿三年，也打算要離開京城銀行時，我寫了一封信給洪總，告訴他我的近況與想法。文末，我向他提起，我還記得二年前我對他的承諾，若有機會願重新見面。很快的，不到十分鐘，我就收到洪總的回覆。他只簡短地回我說：「我馬上請HR與你聯絡。」

再度走完每一關的面試流程，再次與洪總會面，我深深向他一鞠躬，為當年沒有馬上報到一事向他致歉；也謝謝他的賞識與器重，讓我還有機會重回遠東的懷抱，一起戮力打拚。

我回想，在轉換跑道的過程中，有三點可與大家分享：

第一，當我回絕遠東的聘用時，我很真誠地告知，倘若未來還有機會，我非常願意效勞。這一點，為彼此都帶來好印象。

第二，因為一張名片，讓我與洪總還能保持網路上的聯繫，而不至於疏遠陌生，也充分揭露自己的行蹤。

第三，我一直深信「薑還是老的辣」這句話，所以我極度尊重長官，也才能讓這些資深前輩願意給我機會。

時至今日，在遠東商銀服務已滿四年了。分行的管理，也已從鳳山轉調到嘉義。我依然熱愛我的工作與客戶，也喜歡與志同道合的同事們一起共事打拚。

這是我的遠東奇緣，也是我生命中很重要的奇異恩典！

讓你富有的心靈存摺

你可以不被看見，但不能讓人視而不見。
你可以不被注意，但不能對人沒有助益。

Part 2

創意，打造非凡業務力

「耶穌告訴我們，
如果我們致力追求上帝的國度，
其他的一切終將水到渠成。」
我想要將這句話改成：
如果我們致力提升職場的素養與自我的領導力，
工作上的美好成果終將一一實現。

業績三品哲學

我告訴老闆，今年我要認識十位作家，和他們成為好朋友。
能讓「客戶滿意」還不夠，要讓「客戶忠誠」才是王道。
所以，我想出一種獨特讓客戶對我忠誠的好方法
——送VIP客戶簽名書。

二〇〇八年的秋天，我從銀行總行管理單位的部室主管，轉戰以績效掛帥的業務單位擔任分行經理，到現在已經有七年之久了。

這是我向老闆提議多時才底定的。當時，很多同事都罵我傻，為何在「朝廷」好好的日子不過，偏偏要到「地方」，負責更繁瑣的業務。如果業績好當然沒事，若是業績不好，那可是會被老闆罵到臭頭的。

我告訴這群關心我的好友們說，打從我進銀行上班的第一天，就是一名業務。我喜歡用績效證明自己存在的價值。而且，只要看見客戶因為我的熱情服務而露出信任幸福的表情，我就會覺得很開心。能把業務做好，就代表能把人做好，而做人也就是做品牌啊。

經過多年的業務工作洗禮，我認為行銷有「三品哲學」。

第一個品，是「**個人品質**」。只有將自己的專業底蘊建構扎實，讓自己成為名符其實的角色，拿出專業讓客戶信任，造就無可取代的絕佳服務品質。

第二個品，是「**公司品牌**」。不管進入哪一家公司，都要以公司為榮，以身為公司的一分子為樂。因為有了名片上的抬頭，才有機會與客戶接觸，也才能完成公司交付的使命與託付。

第三個品，是「**客戶品味**」。因為自己經營服務的口碑佳，因為自己認同公司的商品與服務，自然而然就能吸引有品味的客戶上門，進而成為你的忠誠客戶。當忠誠客戶越來越多，客戶介紹客戶的機會就大增，那時候，做好業績管理就不是一件苦差事了。

當我從一個負責幕僚單位的文官，轉變成必須扛起分行盈餘成敗的武將時，我的心情既是戒慎恐懼，也甘之如飴。我知道，我必須學會允文允武的真功夫，才能面對瞬息萬變的全球股匯市市場。

「客戶是寶，越多越好」，是我常常與業務同仁分享的一句話。能讓「客戶滿意」還不夠，要讓「客戶忠誠」才是王道。所以，我想出一種獨特讓客戶對我忠誠的好方法——送VIP客戶簽名書。

在我擔任分行經理的第一年，董事長請全行的分行經理喝春酒。很幸運的，我與董事長安排在同桌。猶記得當時，同桌的其他分行經理都非常害怕與董事長四目相接，因為他可能隨時問到某一家分行的營運概況，使得大家的壓力都很大。

在一陣酒酣耳熱之際，董事長真的開口了，他請經理們一一回答新年的新希望是什麼？當大家聽見這個議題時，紛紛說了一些關於績效KPI的成長數字。比如說，今年分行盈餘要增加幾千萬，存款要增加幾億，放款要撥貸多少，手續費要成長幾成的數字。

輪到我發言時，我沒有回答上述的績效指標，反而告訴老闆，今年我要認識十位作家，和他們成為好朋友。董事長瞪大眼睛看著我，問我為什麼？

我說，您問的是新年新希望，不一定要回答與公司相關的業績對吧？董事長說，沒錯。我接著說，其實我認識作家，對分行的營運是有好處的。

我說了三個理由讓董事長相信。

第一，因為自己喜歡閱讀，難免就會有喜歡的作家。若有機會認識自己心儀的作家，並成為朋友，是一件幸福的事。

第二，與作家成為朋友，我會一次買十本以上的書，送給我分行的VIP，並請作家簽上客戶的名字。

第三，客戶收到我送的簽名書，知道他也喜歡這位作家的作品，心中一定非常開心。如此一來，客戶的滿意度就會轉化成忠誠度，為分行的業務貢獻更大的收益。

董事長聽完，拿起酒杯敬我，祝福我能夠認識作家成功，也祝我業績長紅。

那一年的年底，我細算經由自己的努力與朋友的介紹，總共認識了十五位作家朋友，達成率是一五〇%。而當年我分行的財富管理業務，也因為客戶的認同與買單，榮膺全行達成率第一名。

讓你富有的心靈存摺

信心與信念有何不同呢？我的解讀是：
信心是對目標充滿期待，一定可達成；
信念比信心多了今字，從今天就做了。

有創意的業績來源

「用心發現，潛能無限」，
公司給的資源或許不是最好的，但一定有其效用。
只要找出目標客群，用對方法行銷，
當能達到事半功倍的效益。

我進銀行上班的第一份工作是業務，主要任務是賣房貸，業績每月撥貸三千萬。我任職的第一家銀行是華信銀行（現為永豐銀行），素有小花旗之稱，因為許多高階主管幾乎都是從花旗銀行轉任。

公司組織文化比較像外商的血統，所以很重視績效好壞，也格外強調數字管理。我自認，那時候的華信銀行，較一般的傳統行庫或新銀行，更重視員工的教育訓練，我幾乎每個月都會到台北上課一至二次，課程幾乎都以銷售為主。在公司完整的培訓下，我逐漸成長蛻變為一名驍勇善戰的業務員。

當時（一九九九年），公司的業務政策很明確，就是要我們多開發一些轉貸市場，因為我們報給客戶承做的房貸利率，具有高度吸引力。那時候，正是台灣房地產不景氣的年代，許多客戶在民國八十年左右買的房子跌價嚴重，加上貸款利率偏高，月付金沉重，當然更形雪上加霜。

公司針對此局勢，制定了一系列有攻有守的行銷策略與授信政策。攻的是，找出生活機能佳、二手市場好的擔保品，縱使用較高成數貸放也不怕脫手困難；守的是，以五師（醫師、律師、會計師、建築師、老師）為目標客群，降低未來可能的逾放比。

眾多專案中，有一項是推動房貸的平轉專案。只要房子是客戶自住，繳息正常，職業穩定，就可以全額轉貸。這對許多客戶而言，是一個非常好的產品。因為許多客戶想要轉貸，以降低利率來省利息，但因為估價估不到前手貸款銀行的餘額而導致無法轉貸，甚為可惜。

業務員有了這項好產品的加持，剩下的就是靠自己努力了。公司希望我們多走直效行銷的通路，減少一些透過代書、建商介紹的間接通路。如此，對客戶掌握度越高，發生逾期呆帳的可能性也較低。

進銀行的第二年，也是完整年度的開始，因為自己熱愛銷售，與客戶關係維持得也不錯，慢慢建立穩固的基本盤。許多客戶開始介紹新客戶給我，讓我的業績逐漸升溫，打出我是新人王的口碑。

記得有一位優質客戶，家住台南五期的大樓。當時，我幫他辦理轉貸業務成功後，便和他成為朋友，也就有機會常到他家閒聊。有一次，我到這位客戶家中辦理業務，幫我開門的是一位年約七十歲的管理員。這位阿伯面貌慈祥，笑口常開。等待客戶下樓來接我的那段時間，我便與阿伯聊天。

經過幾次的互動，阿伯慢慢認識我，知道我在銀行上班，是一位很有業務幹勁的年輕人。我也感覺到，阿伯喜歡找人聊天，讓日子更快樂。

我的業務敏感度，隨著工作資歷越久也越強。我發現，客戶的這棟大樓約有一兩百戶，因為當時房價高，利率也高，縱使要轉貸也可能轉不出去。我評估後，直覺這群住戶絕對是我的目標客戶，可以開發與深耕。

因為與客戶熟識，也與管理員關係佳，我便想出一個點子來開發這棟大樓的住戶。

眾所皆知，住戶大樓門口都會貼上「禁止推銷」的字眼，防止許多傳單與DM進入大樓的信箱。

雖然我與管理員稍微熟識，但為了他的職責所在，我也不敢貿然在上百個信箱裡投遞自家銀行的ＤＭ，避免被其他住戶看見，害阿伯被投訴。後來，我想到一個方法克服這個問題。

趁著天剛亮，約莫早上五點多，當報社人員送來報紙時（十多年前幾乎家家戶戶都有訂報紙），我將我的ＤＭ一張一張地夾進報內。這樣做，一來，不是單張的ＤＭ較不會被住戶當垃圾廣告丟棄；二來，對這位阿伯也較好交代。

那一天早晨，我花了一些時間做了這件事。投完後，我到附近買早餐，順便買一份送給阿伯，然後就到公司上班。

九點一到，銀行打開鐵門營業時，我的分機突然湧進許多詢問房貸轉貸的電話。同事們還半信半疑地對我說：「家德，你的分機難道是總機嗎？為什麼你的一直響，我們的電話都沒有在響。」

同事們的疑問，讓我確信這次的創意行銷算是成功的。而在那一年的競賽中，我的業績也得到全國冠軍。你說，創意行銷重不重要？

我想要分享兩個關於業務的創意行銷概念。

第一，「**用心發現，潛能無限**」。公司給的資源或許不是最好的，但一定有其效用。只要找出目標客群，用對方法行銷，當能達到事半功倍的效益。

第二，「**觀念一轉彎，業績翻兩番**」。事在人為，天道酬勤，只要建立正確的價值觀，為公司也為客戶著想，擅用公司給予的武器，多所磨練。假以時日，必能成為 Top Sales。

讓你富有的心靈存摺

創意，是有知覺生活所產生的點子。

創新，是將創意變得有價值的結果。

向陳樹菊學銷售

銷售的最高境界是賣價值而非賣價格。
當顧客忠誠度夠高，
其實他是在買你與他的信任關係，
這是藍海策略，才能避開價格競爭的惡性循環。

昔日的子弟兵玉娟與梅玉來公司找我。一方面我們真的好久不見，期待好好分享近況；二方面來找我的目的，是想要和我聊聊關於「銷售管理」的經驗法則。她們目前都是銀行的分行經理，對於業績的要求與達成，總有一份強烈的使命感與責任心。

兩位風塵僕僕從高雄到嘉義來拜訪我。我選了一家離公司不遠的餐廳，請她們一起共進午餐。一陣閒話家常後，我們很快就將話題轉回工作上的討論。

玉娟告訴我，當她還是我的左右手時，關於銷售，她最受用的就是「關係管理」。她說，我曾經告訴她，當一名好業務，除了自身要很努力外，讓業績源源不絕的好方法，就是要懂得讓客戶介紹客戶，也就是口碑行銷。這才是讓自己業績越做越好、越做越快樂的主因。

我附和玉娟的話，告訴她們說：「的確，業績絕對不可能從天上掉下來，而是要有策略與方法才能達成。今天我想與你們分享我到台東找陳樹菊的過程，來做為銷售的借鏡。」

梅玉好奇地問我：「是賣菜的陳樹菊嗎？她跟銷售有什麼關係啊？」

我回說：「在別人看似沒有關連的地方，找到一種與銷售可以連結的業務法則，是極大的成就感啊！」

她們拉好椅子，豎起耳朵，準備聽我講這個好故事。

二〇一四年九月十二日，我到台東的中央市場拜訪陳樹菊。時間會記得那麼清楚，是因為我拿她的書《陳樹菊——不凡的慷慨》請她簽名，名字旁邊就是押這個日期。

那是接近中午時刻，也是我生平第一次走入中央市場找陳樹菊。因為不知道攤位在哪裡，我就隨性問了一位在菜市場入口擺攤的大哥。老闆告訴我，很容易找的，你只要看見攤位的牆壁上貼了很多紅紙，就是她的菜攤，她得了很多獎，大家都來恭喜她。經由這位先生很有創意的指示，我一下子就找到了陳樹菊的攤位。

我告訴她們兩人，做業務要做到大家都認識，就是一種口碑。陳樹菊賣菜賣了五十多年，時間夠久，名聲夠響，她已經打出名號，**建立優質信譽與個人品牌**，對銷售一定有幫助。這是第一個發現。

因為已到了午餐時間，陳樹菊的攤位比較沒有客人，也就讓我有多一些時間可以與她閒聊。在訪談的過程中，我才知道陳樹菊幾乎都是凌晨兩點就起床工作。我問她為何要這麼早？她說，時間充裕，可以將菜整理得整整齊齊、乾乾淨淨，客人要買的時候，她就能一下子找出來。

以銷售的角度來看，這是**熱愛工作的態度與產品專業度的展現**。一位業務若是每日期待早早上班，對自家產品又知之甚詳、融會貫通。客戶一定能夠感受到專業的對待，信任感必定與日俱增。這是第二個發現。

我告訴陳樹菊阿姨，能得到《時代雜誌》「百大影響力人物」非常不簡單，這是台灣之光，全民都以您為榮啊！她卻用淡定的口吻告訴我說，她所做的一切都只是盡到本分而已，並沒有什麼了不起。她說，她不喜歡出名，只想要安安靜靜地賣菜就好。

我相信，她的謙卑與低調，是讓她更成功的關鍵。這種人格特質套在業務銷售上，就是一種**不張揚、不炫耀、虛懷若谷的業務魂**。我相信，大多數客戶一定都喜歡謙虛務實的業務。這是第三個發現。

與樹菊阿姨閒聊中，恰巧有一位主顧走過來買菜。那時我才發現，她有嚴重脊椎側彎，整個腰是無法挺直的。我問她，為什麼不去開刀治療？她回我說，賣菜是她生活的一切，只有賣菜才能忘卻疼痛。又說，萬一開刀下去，要休息一年半載，她不能忍受這麼久的時間沒有賣菜。

這是一種「雖千萬人吾往矣」的精神。要能成為一位傑出優秀的業務，很重要的是，**要有一股捨我其誰的使命感與勇者無懼的價值觀**。這也是一種「敬業才能有事業」的工作表現。這是第四個發現。

聊到最後，準備離開之際，我請樹菊阿姨幫忙，幫我挑選五百元的蔬菜，我要拿到興昌書屋給阿美老師，請她煮給書屋的小朋友吃。樹菊阿姨所販售的菜，價格到底是便宜或昂貴，對我而言一點都不重要。因為我知道，我所花的菜錢，絕大部分她是要再捐出去幫助窮苦人家的，這筆交易其實已經含著做公益的性質，當然我樂意買單啊。

所以，我確信**銷售的最高境界，是賣價值而非賣價格**。當顧客忠誠度夠高，其實他是在買你與他的信任關係，這是藍海策略，才能避開價格競爭的惡性循環。這是第五個發現。

我用這五個從陳樹菊身上看見的體認，向玉娟、梅玉傳達我對銷售的看法與見解。她們直呼，不僅吃到一頓可口的午餐，又能聽到一個好故事，真是值得啊！

讓你富有的心靈存摺

讓自己的人生，成為別人有趣的事件。

讓別人的人生，成為自己成長的關鍵。

成為別人心中的一個「咖」

我自動請纓，幫信一的公司上一堂「服務與銷售」的訓練課。當我所帶領的分行，到了月底就差一筆業績可以跨過門檻，這時，我想到信一……

「家德，你明晚在嗎？我剛好來台南出差，有空出來吃個飯聚聚吧。」打這通電話給我的，是一位熱情有勁的年輕創業家，他是星和醫美集團的執行長林信一先生。認識他的過程非常有趣，也耐人尋味。

現在的他，不僅是我的朋友，也是我的客戶。

去年三月，我邀約國內企業內訓的王牌講師謝文憲（憲哥）來佛光山南台別院演講。當時憲哥也告訴信一這個演講訊息，信一公司的員工幾乎都上過憲哥的課。這群員工都知道，憲哥的演講內容活力十足，能夠聽到就算賺到。剛好信一公司在南部有台南、高雄兩家診所。他特地請兩家診所的主管到場聆聽。

信一是一位有遠見、能夠洞悉未來趨勢的領導人。他在公司內部自創ＴＢ

（Team Building）時間，每週一次，每次半天，公司出費用給員工，讓員工有學習成長的機會。這半天純屬進修不上班，卻是給薪的。當然，這樣的工作環境，讓更多員工趨之若鶩，願意加入這個大家庭。

當憲哥演講完，我也就有機緣認識高雄店的主管雅滇、婉鈴，之後更因臉書互加好友而互動頻繁。

有一天，我拿著老爺酒店沈方正執行長的簽名書到診所送給她們。恰巧，信一當天到高雄店出差，雅滇也就順勢介紹，讓我們相見歡。

那一次的碰面，彼此非常聊得來，我們都做了一件很有氣度的事情。因為與信一背景相似，都是業務出身，又都喜歡交朋友，當我聽完他的創業故事，隨即從我的公事包拿出一本前一天剛從書店買的書，書名是《真誠，獲利不請自來》送給他。

一位軟體公司CEO杜哈克（August Turak），因為一九九六年的一場跳傘意外，腳踝粉碎性骨折，後來用了十三根鋼釘才保住性命。當杜哈克在生命面臨重大危機之際，他選擇進入麥普金修道院療傷。療傷期間，他親身見證特拉普修士們的簡樸勤勞，也赫然發現令人難以置信的經商秘訣——那就是修士們打造出的真誠品牌、產品和領袖，都只是他們在不斷追尋真誠的過程中，所產生的附帶產物。習得這份真誠的領導特質，讓杜哈克的公司運用特拉普法則，每每都能化危機為轉機，進而創造利基。

我告訴信一，這本書太適合他來好好閱讀。因為他是一位有格局與胸襟的企業家，若能善用這份真誠領導，必能將公司帶往康莊大道。

信一更是一位愛書人，他見我贈書，也立即從他的袋子裡拿出《什麼都能賣！貝佐斯如何締造亞馬遜傳奇》這本新書送我。他說，這本書也是他剛買，正準備好好研讀就先送給我。

我在送他的書頁寫下「熱情驅動世界」，祝他公司鴻圖大展。他則是題了他的座右銘「川流不息，淵澄取映」，回送給我。這般惺惺相惜的真感情，怎能不當好朋友呢。

因為擁有，所以樂於付出；因為熟悉，所以更能聚焦。當我知道，信一非常注重員工的教育訓練，我就自動請纓，告訴他說，我願意幫他的公司上一堂「服務與銷售」的訓練課，當作彼此成為好友的見面禮。

讓你富有的心靈存摺
我試圖用自己最大的力量幫助別人，
結果發現別人用最大恩慈回饋自己。

神奇的事情發生了。我與信一認識約莫兩個月後，這期間也只見了兩次面。說熟沒有，說不熟也不至於。當公司在六月舉辦一年一次的業績高峰競賽時，我所帶領的分行，到了月底就差一筆業績可以跨過門檻，分行同仁都忙著拜託客戶，用最大的誠意請求幫忙。

這時，我想到信一。想要請他成為我的客戶。我打電話給他，很快地寒暄幾句後，就切入正事。我告訴他，我需要他的幫忙。當然，我也說這一切都不能勉強，只要在他可以幫助的前提下就好。信一在電話那頭，聽完我適切的建議後，很爽快地回我說，沒問題，我願意幫忙。他說，我也幫了他不少忙，這是互相彼此而已啊。

那一次的競賽，因為信一的協助，讓我的分行順利達標。

現在，信一只要到南部出差，時間允許的話，就會找我聊聊。當他告訴我：「我南部的朋友不多，你是其中一人。」我內心是非常感動的。

感動我們的好緣分，感動當時他的相助。當然，我也要自立自強，成為別人心中的一個「咖」。

非比尋常的一天

遇見客訴的第一要務，就是與時間賽跑，
越快越有誠意解決最好。
如果對方仍然很生氣，至少我就當成出氣筒吧！
如果能接受我的道歉，也會讓彼此的心情變得美麗一些。

週五從公司外出拜訪客戶回來，已經接近晚間六點，身體已處於疲憊狀態。

這時候，作業主管寶惠見我回分行，便匆匆忙忙跑進我的辦公室，向我報告一件我剛好外出時所發生的客訴事件。

聽完陳述後，我的心情頓時變得更加沉重。

寶惠向我說，今天下午因為同事作業上的疏失，發生了一位客戶林小姐入錯帳，必須更正的事情；加上剛好林小姐前幾天使用ATM時，因為人為操作的錯誤，造成卡片被機器吃掉的窘狀，在這段等待重新發卡的期間，已讓她心急如焚。

很不幸也很湊巧，這件事情又發生在同一人身上，讓她大為光火，抱怨連連。

寶惠在我還沒回來前，就已經再一次致電，向林小姐解釋疏失的原因，並希望能取得諒解。但是林小姐當下仍然怒氣難消，無法接受寶惠的說明與歉意，這一通電話，也就沒有解決客訴的問題。

我仔細聽完作業主管與其他同仁的報告後，雖然已將近晚上七點，又有一堆公文待完成，我還是請寶惠趕緊將電話給我，我必須在下班前將此事解決。我向寶惠說，遇見客訴的第一要務，就是與時間賽跑，越快越有誠意解決最好。

如果我打了這通電話，林小姐仍然很生氣，至少我就當成她的出氣筒吧！也讓她在放假的前一天，把她不愉快的情緒，找到一個宣洩的管道，有可能心情會比較舒坦些。

第二種情形，如果她能接受我的道歉，可以諒解我們的不是，也會讓彼此的心情變得美麗一些。那就是最完美的結局，不是很好嗎？

看得出來，寶惠很擔心這通電話一打，我可能會被K得很慘，一直問我說：「經理，她現在正在氣頭上，你要不要星期一再聯絡呢？」

我說：「遇到客訴事件，絕對不能拖，一定要馬上處理。我是分行的最高負責人，本著最有誠意的心態打電話過去，縱使被罵了，我都應該虛心接受。這是我當主管應有的擔當。」

道歉的電話接通後，林小姐不僅沒有再生氣，也沒有罵我的不是。反過來，她說自己也有不對的地方，更不應該情緒失控（她真的太謙虛了，我很佩服她的修養）。我們在電話兩頭，分享了近三十分鐘的服務理念（林小姐是台南某家飯店的高階主管），並彼此約定好，下星期一來我分行喝咖啡，暢談人生。

丈二金剛摸不著頭緒吧？我簡單解釋一下，林小姐為何在我打電話過去之後，突然轉變成與我彷彿多年好友般，而與我閒話家常。

其一，林小姐已經將氣出在我同事的身上，怒氣幾乎已經消了一大半。我只是運氣較好，打過去時，她已經不生氣了。

其二，我的低姿態與真誠的道歉，讓她接受。這就是我常常與同事分享的，遇見客訴，一定要記住「**先處理心情**，**再處理事情**」的原則，務必讓客戶暢所欲言，讓客戶的心情得到紓解的管道。或許我的真心致意，讓她慢慢消氣了。

其三，我們找到共通的話題。我見林小姐稍稍消氣，並沒有馬上結束電話，反而問了林小姐關於一些工作上的事情，讓她感覺我不單單是要解決問題而

讓你富有的心靈存摺
當你把服務的水平做到雲端，
客戶滿意的感覺就是在天堂。

已，更想要透過這次事件，更認識對方，增進彼此友好的關係。

恰巧，我向她分享自己愛聽演講的興趣，因而找到了話題。我們在某年的某個夜晚，同時去聽了老爺酒店沈方正執行長的演講。我說，那一場講座是我幫佛光山南台別院邀請沈總來的。沈總服務的專業與熱情，也是我學習的對象。

林小姐告訴我，她聽完那一場演講後，買了數十本沈總所寫的書《非比尋常的一天》，送給飯店的員工閱讀，還與同事分享「幫助他人，成就自己」的服務理念。

這是個難忘的夜晚，我不僅解決了棘手的客訴問題，更開心的是，因為打了這一通心甘情願準備被罵的電話，而與林小姐保持更緊密的顧客關係。這是我始料未及，也是我意外的收穫。

我喜歡這突如其來的考驗，這都讓我感到自己有存在的價值。

業務需要掃街嗎？

掃街發ＤＭ絕對不是目前做業務的主流。
但這種吃力不討好的開拓能力，卻是讓自己學會更謙卑，
更懂得與人互動交流的好方法。當業績撞牆時，
或想要找回當業務的初衷，都是最好的執行時刻。

開完早會後，分行一位資深同事小米打內線給我：「經理，請問一下，您等一下有無拜訪行程？若有，沒關係您忙；若無，可否陪我到附近社區發ＤＭ掃街。」

我轉頭看一下行事曆，馬上回她說：「有空有空，等一下即刻出發。」接著我們敲定待會要行走的路線，以及需要準備的資料文件。

小米是我行內相當資深的同事，工作認真，親和力強。她一開始並不是做業務出身，純粹是位櫃員，因為組織的調整與安排，她才接任業務的工作。

一開始轉任時，她頗為排斥，總認為除了有業績壓力外，還要看客戶臉色，有種吃力不討好的感覺。後來，在時間的淡化與自我努力的堅持下，業績越來

越好，而客戶刁難的情形也沒有她想像的糟，反而是有許多鐵粉客戶對她很好，不僅幫她介紹客戶，待她也像女兒一般，讓她備感溫馨。

小米在分行服務已久，具有客源基礎，她的行銷管道以客戶介紹客戶（Member Get Member，簡稱ＭＧＭ）和臨櫃行銷為主。關於較辛苦的掃街發ＤＭ、陌生打電話（Cold Call），她都沒有試過。

前幾年，小米靠著基本客源的加持，雖然不是公司的 Top Sales，卻是主管認定業績非常穩定的部屬。

某日，在公司的一次午餐，小米剛好和我一起吃飯。她問我：「經理，我最近的業績好像遇到撞牆期，客戶紛紛拒絕我，讓我心情沮喪，該怎麼辦啊？」我邊吃飯，邊聽她告訴我最近的狀況。我回她說：「走吧！我們去掃街發ＤＭ。」

「什麼，經理，您有沒有搞錯啊！我都已經這麼不順了，還要出去外面遭受更大的打擊嗎？」她一臉驚恐地回我。

我笑著對她說：「出去走走，透透氣很好啊，可以調適心情。二來，若遇到更大的打擊，你就會知道，現在的打擊根本不算什麼。三來，我先示範給你看，讓你瞧瞧我與陌生人對話的方式，你只要在旁邊看就可以了，這不也很有趣嗎？還有，第四個好處是，你知道掃街可以增進市場的敏感度，了解大環境的變化，這才是關鍵啊！」

「這樣好嗎？」小米露出不可置信的樣子回我。

為了業績，小米被我說服。那天秋高氣爽的午後，我們說走就走。

出門前，我給小米一些行前的教育演練。我用過來人的經驗告訴她，有三件事情要記住。

第一，我的掃街八字箴言是，「**遇人則發，見箱即插**」。也就是先不預設立場，只要你覺得對方是你的目標客群，你就發給他，不要想太多；看見優質住宅，雖然大門深鎖，只要有信箱，就把ＤＭ投在裡面。

第二，**遇見人，就是看見愛**。只要對方願意和你聊天，不管他對公司或產品有無感興趣，都應該和他聊上五分鐘，要能與他建立初步的關係。或許下回再來，就一點都不生疏了。這五分鐘是最難的，也是最關鍵的。陌生拜訪的成功率，就從聊天開始。

第三，**要相信這趟走路的辛苦，可以換成業績的基礎**，但不一定馬上見效。人與人是見面三分情，第一次你對他好，他不領情；第二次你對他好，他不領情；第三次你對他好，他可能會有善意反應；第四次你對他好，他可能會不好意思；第五次你對他好，他大概願意接納你。這就是業務的基本功，也是關係行銷的精髓。

小米陪我走過大街小巷，一起發DM，向陌生人開口問候。她看我很享受這種掃街的樂趣，也逐漸放下身段，有樣學樣地對她未來的準客戶建立緣分。

經過這一次的震撼教育後，小米的業務能力更強大了。她告訴我，原先因為害怕被拒絕，做得畏畏縮縮的，後來念一轉，告訴自己，又不是做害人的事。把自己想成天使，天使的角色就是發送「愛與關懷」的使者，之後也就很順利地與人廣結善緣了。

回到分行後，我再一次機會教育告訴她，掃街發DM絕對不是目前做業務的主流，MGM才是。但這種吃力不討好的開拓能力，卻是讓自己學會更謙卑，更懂得與人互動交流的好方法。而保有這種最原始的能力，未來要在職場上好好生存，絕對沒有問題。

我再說，這種事偶爾為之就好，當自己業績撞牆時，或是想要找回當業務的初衷，都是最好的執行時刻。

小米用非常有收穫的口吻告訴我：「謝謝經理，我懂了！這一次的體驗，讓我知道我還有不足的地方，也有盲點需要克服。」

之後，每當小米業績不順或想要調整心情時，她都會找我去掃街。若我沒空，她也會自己出動，回來再向我報告戰果。

這一通內線告訴我，她又想找我聊聊了。但，我確信這是好事。

讓你富有的心靈存摺

光鮮亮麗的背後，都有不為人知的辛酸。

千辛萬苦的前方，都有眾所皆知的美好。

一個業績背後的故事

我喜歡結交這種熱愛自己工作的朋友。
雖然這個案子我贏了，但我也想要告訴柏維，其實他並沒有輸，
因為他的好表現，也是同樣受到客戶的認可與讚賞。

我的好友默默是一位稅務專家。她與曉玲是認識多年的朋友。

去年夏天，曉玲要買一間新房子，請默默幫忙介紹銀行的貸款。默默打了通電話給我，問我是否有意願承做。我說，能幫您朋友的忙，當然很樂意啊。

於是，在好友默默的強烈推薦，與客戶曉玲對我的信任下，讓我成功取得這筆房貸業務。

若純粹從結果來看，好像很簡單，就是一位買房子的客戶信任朋友所推薦的銀行，然後經過一番作業，讓這個案子順利完成。但實際上，在承做此案的過程中，有許多值得分享的故事。

其一，我任職的分行是在高雄鳳山，而客戶新購的房子在台北天母，為了爭取這個大案子，我突破地域的限制，跑了好幾趟台北，終於完成這筆業績。

其二，當時還有好幾家銀行都在拉攏這個案子，我是最後殺出的程咬金，能夠成交的原因無他，就是好友默默告訴曉玲說：「若是其他銀行核准出來的條件都差不多，我建議你選擇家德，因為他值得信任，後續服務也沒有問題。」因為朋友的背書，還有自己努力不放棄的態度，才能品嚐這個甜蜜的成果。

為何我會說「不放棄」呢？箇中是有原因的。

其實我是最後一家爭取這個案子的銀行。其他同業都已經進入最後的審查階段，而我卻剛要起跑。曉玲願意讓我試試看，主要是默默的建議。但在我與曉玲見面洽談的第五天，玉山銀行告知曉玲說，案子核准了。

曉玲得知案件過關後，很不好意思地打電話給我，告訴我說，我這邊的進度可以停辦，因為對方銀行已經邀她對保了。當下的我並沒有馬上棄權，而是請求曉玲再給我三天的時間。

我對曉玲說，如果我無法在三天內回覆，我就沒有資格再說什麼。曉玲回說：「好吧，你努力看看，千萬不要有勉強的感覺。若你能在三天內核貸，我就讓你承辦。」

掛完電話後，我欣喜若狂，開心還有一絲絲的機會可以爭取，但我也知道只剩下黃金七十二小時可以努力。我告訴自己，拚了吧。

我冷靜片刻，便開始擬定作戰策略。我知道在這個緊要關頭，需要有貴人相助才能過關，也請團隊成員一同上緊發條，不容許有差池或閃失發生。我打了許多電話請求總行幫忙，也發了幾封 Email 分析局勢。我的攻勢不斷，我的能量不減。就是這股氣勢讓我堅持下去，而周遭的人也紛紛伸出援手，對我提供援助。

來到關鍵的第三天，就在早上九點四十三分，我桌上的電話響起，曉玲這個案子准了。當下我振臂握拳，高興不已。我向團隊成員分享這得來不易的捷報。當然，心中更是懷著感恩的心情，感謝這些幫助我的同事、長官們。我馬上打電話給曉玲，告訴她這個好消息，而曉玲也信守承諾，確認與我合作。

這就是我所謂「不放棄」的小插曲。

最後，當我完成案子，再度北上與曉玲見面時，曉玲告訴我，她雖然感動於我的服務態度，但對於玉山銀行承辦此業務的邱柏維先生，卻是有些愧疚。在這個案子的爭取過程中，柏維同樣表現出熱情與不放棄的精神，讓她感到過意不去。

我告訴曉玲說：「要不是因為好友默默的強力介紹，我也不會受到您的青睞而得到這個美好結果。因為多了這層朋友緣故，才能讓我捷足先登。」

接著，我向曉玲說：「若您不反對，是否能夠把柏維的電話給我，讓我也有機會認識他，也向他致意一番。」我再說：「我喜歡結交這種熱愛自己工作的朋友。雖然這個案子我贏了，但我也想要告訴柏維，其實他並沒有輸，因為他的好表現，也是同樣受到您的認可與讚賞。」

曉玲聽我這麼說，又經柏維同意後，才把聯絡電話給我。

我迫不及待與他通電話，柏維果然是一位企圖心極強的年輕人，小我十餘歲，也是南部人，因為北上讀大學的緣故，就留在台北打拚。在將近十五分鐘的聊天中，我們相談甚歡，建立了新的友誼。我告訴柏維，若有機會北上，我希望能見個面，喝杯咖啡，當一輩子的朋友。柏維說，他非常樂意。

就這樣，我趁著北上開會之便，到他任職的分行拜訪他。想當然耳，我們有

讓你富有的心靈存摺
好運氣，來自於堅持永不放棄。
好心情，來自於相信人間有情。
好人緣，來自於願意廣結善緣。

聊不完的業務經，也對彼此更加了解。

天上最美是星星，人間最美是溫情。我何其有幸能因熟識默默，進而認識曉玲，再結識柏維。這是一種美好的友誼連結，也是工作最大的樂趣與意義。

給一位菜鳥業務的勉勵

銷售是最高等級服務的極致表現，唯有將格局放大，視野提升，你就能同理客戶的心情，幫他們解決問題，取得他們對你的信任。而這層信賴關係，絕對不是用任何好處可以衡量的。

一位在銀行做了將近十年內勤工作的同事家怡，最近想要自我挑戰而轉任業務，擔任理財專員。雖然我們沒在同一家分行，但我們有共同的朋友而間接認識。她希望我能給她一些建言與勉勵，讓她出師順利。

某一天的假日午後，我們約在咖啡館碰頭，分享我對一位菜鳥業務的看法與方向。

一開始，我用多年前幫公司到各個大學舉辦校園徵才時，所提出的業務五大信條告訴家怡，讓她更了解我希望她能做到的核心職能。

第一，**展現熱情工作態度**：熱情的工作態度，讓你博得好人緣，無往不利。

第二，**要像海綿一樣學習**：建立廣度，再強調深度，永遠保有學習的精神。

第三，**客戶是你最大資產**：你要升官發財全靠客戶，而不是靠時間與資歷。

第四，**找出你職場的標竿**：走在老闆後面，想在老闆前面，你會快速成長。

第五，**堅持自己工作價值**：確立工作的核心價值觀，幫助別人，成就自己。

這是我快速掃描自己將近二十年的業務工作經驗，所歸納出來的心得，也是自己到目前為止還能「樂在工作」的主要原因。

我又說了一句我從書上看到的佳句：「人生，就像爬山一樣，那些好走舒服的路，往往都是下坡。」我勉勵她，現在正在走艱困的路，是往上坡，風景可期，一定會有收穫的。

接著，我不藏私地對她分享業務銷售的「三T法寶」與優質服務的「三度哲學」。

想當一位傑出的業務，不斷**嘗試**（Try）行銷方法是成功的關鍵；當嘗試越多，也就能發現越多的錯誤。很多菜鳥業務因為專業與技巧仍不純熟，當然比較容易被客戶拒絕，當被拒絕多次後，就會有恐懼感，也就容易窩在公司裡取暖。殊不知，一位頂尖業務的戰場絕對不是等客戶上門，而是走到外面，主動出擊，帶回業績。

再者，透過被客戶拒絕的理由，回到公司後，好好地找出問題的根本，然後認真地聚焦**訓練**（Training）失敗的原因，讓自己精益求精，突破自己的極限。

最後，一位傑出的業務員，絕對不可能只靠單打獨鬥就能成功，背後一定要有**團隊合作**（Teamwork）才能致勝。也唯有團隊成員眾志成城，才能打造堅強高昂的銷售士氣。

所以說，「嘗試」、「訓練」、「團隊合作」，是一位業務員成功的關鍵要素。

而服務的「三度哲學」是：

第一，**放低姿態，展現「風度」**。身為業務人員，不管到最後是否能成交，買賣不成仁義在，盡可能還是與拒絕你的客戶當朋友。有一天，搞不好客戶會因為你的風度而幫你介紹客戶，這都是非常有可能的。

第二，**格局放大，轉換「角度」**。銷售是最高等級服務的極致表現，唯有將格局放大，視野提升，你就能同理客戶的心情，幫他們解決問題，取得他們對你的信任，而這層信賴關係，絕對不是用任何好處可以衡量的。

第三，**宅心仁厚，提升「高度」**。客戶是寶，越多越好，把客戶當朋友、當

讓你富有的心靈存摺

把職場當道場，你會修煉成佛。
把職場當戰場，你會沉淪成魔。

家人，因為他們是你的衣食父母。付你薪水的不是老闆，而是這些挺你、願意幫你的客戶群。唯有好好珍惜他們，真心真意服務他們，才能讓自己在業務這條道路上永保安康。

家怡很認真地聽我開講，從服務生送來給她的咖啡，她一口都沒有喝，筆卻一直寫個不停就可以知道。

結束談話之前，我告訴家怡，業務銷售是一種心法，包含著心理學、溝通學與表演學。做業務不見得是人生的全部，但若能經歷業務的洗禮，人生一定能夠大幅成長與躍進。

走出咖啡館，外頭陽光依舊炙熱，我想，這應該非常符合家怡的心境才是。

馬屁管理？還是任務管理？

「向上管理」的精神，並不是對你的主管阿諛奉承，
而是用心聽懂主管的想法，
然後「勇於承擔，樂於配合，善於溝通」。

某天快下班之際，麥可拖著行李，手提他們公司的投資文件來拜訪我。麥可是一家境外基金公司的通路人員，近年來，他勤跑銀行通路，與他碰面次數多了，彼此的互動也就越來越熟稔。

我對麥可的評價是，他是一位很有拚勁的年輕人，每當排定一趟數日的南部行程，非得要多跑幾家分行，多與一些理專交流之後，才肯回台北。這是他的工作KPI，雖無可厚非，但他的表現與投入，在我已擔任主管十來年的眼光裡，他的付出絕對超出公司賦予的任務許多。

換言之，他正在為他自己的職業生涯打拚，拚未來，也拚升遷。

麥可走入職場已將近五年。我問他，下一個職涯的「五年計畫」是什麼？麥

可回答我：「想要轉往管理職邁進，當一位小主管。」

我又問：「要達成這個目標，你需要完成哪些歷練與考驗呢？」

「未來，我想要從現在銀行組的工作，轉往法人組磨練看看，那是一個需要專業知識，更要具備社交長才的職務。這個位置，很容易讓老闆看見績效，也較容易升遷。」麥可說。

我再問麥可：「你要是當上小主管，也就是取代你現在主管的位置。你自覺，他所具備的能力，你是否也都準備好了呢？」

麥可說：「我覺得我的專業知識不輸他，但他的『向上管理』能力很強，這是我遠不及他的。」

「答案揭曉，這正是你未來的功課，就是學會『向上管理』這門看似簡單、卻又複雜的功課。但『向上管理』的精神，並不是對你的主管阿諛奉承，拍馬屁兼討好的意思喔。」我用一種提攜後進的口吻告訴麥可。

接著，我對他說了一個近日剛發生的案例，補充「向上管理」的意涵。

上星期開早會時，我問同事一個關於分行營運的數據。抽問幾位同事之後，發現大家都不知道，我便說：「這個數字是非常重要的，代表了分行的競爭力與榮譽感，期盼大家都能去查詢了解，並把這個數字放在心上。」

到了隔天的晨會，我故意又抽問昨天的問題，結果非常令人遺憾的，還是有同事答不出來。但也有令人安慰的，馬上就有另一名同事告訴我正確答案。

我向同事們分享我的想法：「這是一個再簡單不過的道理，主管通常都喜歡聽話的部屬，也希望他所說的話受到肯定，大家都願意去執行。主動去查詢這個數據的同事，不代表他可以升遷加薪，但代表他用心聽懂主管的想法。若在公司的太平盛世，這種懂得向上管理的人，搞不好還有升官加薪的機會；而在兵荒馬亂、公司裁員聲四起之際，這種人通常能遠離風暴，較能活得好好的。」

「所以，向上管理不是馬屁管理，而是任務管理。」我再向麥可說。

麥可好像突然開竅似地對我說：「難怪，我終於發現，我的主管為何那麼受到總經理的器重。他真的懂得向上管理的精髓。

「每次總經理發布新的目標與挑戰時，我的直屬主管不像其他部門的主管哇哇叫，抗議預算不公、資源太少。他總是義無反顧地接下任務來，回到部門後，經過大家的開會盤算與討論後，他又會轉回對總經理報告，若要達成部門

讓你富有的心靈存摺

生命的困難點，不是因為遇到了困難而難以選擇。

卻是日子過的太順利，而忘了人生有不同的選擇。

目標，他可能需要哪些資源與協助。公司如果無法給他奧援，最好的狀況是達成目標的幾成，而最差的狀況又會是如何。最後，老闆通常都聽從他的建議與想法，又安排人手給他，也會撥付資源過來我們部門。

「到年底，他都能輕鬆達陣，完成任務。這樣的表現，是不是向上管理能力的展現啊？」

我說：「是的，這個故事正是向上管理的最佳典範。」

最後，我告訴麥可，我對於「向上管理」的想法。那是我多年來的經驗與心得，就是「**勇於承擔，樂於配合，善於溝通**」。

我從麥可的表情中，看見他的徹悟與認同，並相信也祝福他很快就能當上主管，往他的目標與夢想邁進。

臉書遇見陳嫦芬

從「做中學，學中覺」，
生命中所下的苦功都不會白白浪費。
「用心鍛鍊深度，誠實鍛鍊勇氣，樂觀鍛鍊心胸」，
只要在職場做到這三句話，離成功不遠矣。

如果問我，使用臉書多年來，遇見最大的驚喜是什麼？我會說，在臉書遇見陳嫦芬老師，進而有機會與她面對面請益職場與人生，這是我最大的驚奇！陳嫦芬老師何許人也？為何讓我如此崇拜讚歎？且聽我娓娓道來。

嫦芬老師是一位資深的國際投資銀行家，曾經擔任瑞士銀行（ＵＢＳ）集團投資銀行亞太區副董事長暨董事總經理、雷曼兄弟（Lehman Brothers）亞太區副總裁，以及匯豐金融控股集團（ＨＳＢＣ）台灣區總經理等職。

從二〇一一年起，嫦芬老師即投入華人職場素養的教育課程，和創業家教練顧問服務事業，是台灣大學財金系專家教授暨「萌拓學堂」創辦人及主持師父；並任教於清華大學（北京）經濟管理學院ＥＭＢＡ課程。

十七年前，當我剛進銀行業，只是個小小辦事員時，她已是一位呼風喚雨的銀行家。每每從報章雜誌看見她在投銀的豐功偉業與消息時，都讓我欽佩不已。心中想著，若有機會目睹這位與我同樣來自台南的大前輩，真是我莫大的榮幸與恩寵。因為我深切明白，職場成長的動能，一部分要靠自己摸索跌撞獲得，但更關鍵的躍升機會，是來自名師的指點。

真的是拜臉書所賜。在二〇一二年的春天，我發現，我的朋友蔡詩萍大哥與王浩一老師，不僅是嫦芬老師臉書的朋友，也是真實生活中的朋友。也因此，我在臉書加她為朋友。或許是自己在臉書的使用上非常陽光正向，抑或嫦芬老師與我的確有許多共同的朋友，這都讓她稍微寬心，願意加我為朋友。

此後，只要嫦芬老師有任何PO文分享，我都能清楚知道，並認真詳實地閱讀。一段時日下來，慢慢地也深刻地讓我知曉老師的處事風格與觀察事情的角度。這是我在網路的世界裡，當還沒有辦法親自遇見老師時，卻彷彿已經拜她為師，有機會學習成長的契機。

為了讓嫦芬老師對我更熟悉，我寫了一封短信，用私訊告訴老師我是誰，還有為什麼我會如此欽佩崇拜她的原因，並在文後斗膽寫下，若有機會，可否北上向她請益職場大小事？想不到，竟然獲得她爽快地回覆與允諾。那時，我簡直高興得跳起來。

後來，因為負責佛光山南台別院「安樂與富有」的講座邀約工作，我向師父提出名單，建請可邀約嫦芬老師來別院演講。就是這個關鍵邀請，讓我有機會第一次與嫦芬老師見面。

還記得當時是寒冷的冬天，外頭冷風颼颼，人群熙來攘往，我絲毫沒有分心，在咖啡廳裡，只專注聆聽嫦芬老師告訴我的，關於她的職場歷練與心路歷程。那種感覺就像是一個小粉絲遇見大偶像的感動。

幾個月後，嫦芬老師到台南佛光山演講「做個有價值的上班族」。她告訴聽眾，她請教過千百位成功人士，歸納出他們之所以在職場能夠成功的三大關鍵要素，分別是用心、誠實與樂觀。「**用心鍛鍊深度，誠實鍛鍊勇氣，樂觀鍛鍊心胸**」，只要在職場做到這三句話，離成功不遠矣。但，這又是何其困難的事啊！

這些年，經過幾次的面對面互動後，我對嫦芬老師只有越發的崇拜與敬仰。

總覺得，台灣的職場教育，若有多一些像嫦芬老師這樣大師級人物苦口婆心的教誨，人文素養與倫理才會更加進步。

嫦芬老師的言教對我有極大啟發，其中就有兩句話令我印象深刻。一是，她的人生座右銘是「功不唐捐」。意思是，生命中所下的苦功都不會白白浪費，必定能有所獲得。這讓我清楚知道，「**只要肯付出，必定會傑出**」的道理。二是「**做中學，學中覺**」的概念。她提倡從常識、知識的累積，一直到見識、膽識的提升。簡言之，就是要非常努力認真地感受生命所帶來的一切，才能練就覺悟的功夫，也才能達到快樂工作的境界。

曾經在書上看過一句話：「耶穌告訴我們，如果我們致力追求上帝的國度，其他的一切終將水到渠成。」我想要將這句話改成：如果我們致力提升職場的素養與自我的領導力，工作上的美好成果終將一一實現。

謝謝嫦芬老師出現在我的生命中，豐富我的視野，涵養我的心靈。我想要告訴還在職場努力打拚的夥伴們，找到工作上足以效法的典範很重要，那會讓你快速成長，獲益匪淺！

讓你富有的心靈存摺

先嘗試，就有機會成事；
先行動，就有可能出眾。

紅包袋上的祝福

紅包袋內裝著比一萬五千元還要多出很多的金額，
我告訴張媽媽，多出的我是不能拿的。
相信生命裡發生的每件事情都有它的意義，
用愛與關懷盡情地付出，得到的喜悅是無與倫比的。

「阿德，我無法形容我有多麼感謝你，願上帝祝福你，豐盛，超越，平安，喜樂！」這是三年前我拿到的一個紅包，上頭所寫的祝福話語。

這個紅包，包著一個令人心酸也不捨的故事，但結局終究是甜美的。

給我紅包的是張媽媽，因為朋友的介紹進而熟識。那時，她來請託我關於銀行貸款的相關業務。我算是幫她一些忙，舉凡處分一些不動產，將土地分租以收得租金，或介紹銀行同業承做我當時無法幫忙的信貸業務。這些義務的協助，彌補她龐大的資金缺口，才得以讓她稍微喘口氣。

她為何會欠下一屁股債呢？

張媽媽家住高雄，約在三十多年前，她們家可是大地主，先生在地方頗有名望，為人正直熱心，開了好幾家公司，事業一帆風順。她只需在家相夫教子，連洗衣燒飯都不用，家中有傭人服侍，吃穿不愁。

但，令人傷心的事發生了。十多年前，她先生的事業逐漸走下坡，又受到商場上朋友惡意倒帳，再加上其他投資紛紛失利，促使她先生揹了沉重的債務，導致壓力過大，鬱鬱寡歡而不幸辭世。

在這家道中落之時，她強忍先生過世的悲慟情緒，還要面對排山倒海而來的債務追討。剛開始，她終日以淚洗面，痛苦萬分。後來受到宗教的救贖，用堅毅的心態面對難關，也將責任一肩扛下來，慢慢解決一些棘手的負債問題。

與張媽媽幾次相處下來，我發現她真的非常堅強，有著一股咬緊牙根，就能衝破人生低潮的態度。可是，畢竟她是人不是神，也有情緒潰堤的時候。有一次，她又到公司找我，請教我一些問題。當事情討論完，我陪她走到銀行門口，正準備說再見時，我隨口問她，生活費夠不夠？想不到，這句話讓她流下了眼淚，久久不能自已。我見狀，趕緊安慰她，希望她樂觀以對，我會非常樂意幫助她的。

我猜想，當時的她可能身無分文，便在公司門口的自動提款機，領了一萬五千元給她，請她先收下，並告訴她，等到手頭較寬裕的時候再還我就好了。經過一番推託，她含淚收下。

張媽媽的事，經過許多朋友的協助處理後，逐漸安穩下來，經濟狀況也隨著負債降低而獲得改善。

約莫過了三年多時光，因為自己忙於工作，與張媽媽也就沒有再聯繫。突然有一天，接到她打給我的電話，想要與我碰面。我思忖，該不會又有什麼難題要來找我幫忙吧？

那天她一見到我，就兩行清淚直流，無法控制情緒。我只能趕緊遞上衛生紙，努力慰問她。她對我說，今天她是來還我三年半前的一萬五千元，經過這段時間的努力與老天眷顧，她的手頭已經寬鬆許多，有能力還我錢了。

她說，那時借她的一萬五，價值等同一百五十萬。「人要有感恩的心，唯有自助，才能天助。對於曾經幫助過我的人，我都心存感激。」她還說，這幾年她在教會作見證時，總是會提起我，說我是她生命的貴人。

我不好意思地回說：「施比受更有福，這是我該做，也樂於付出的。」

紅包袋內裝著比一萬五千元還要多出很多的金額。我告訴張媽媽，我只能收下當初借您的金額，至於多出來的，我是不能拿的。張媽媽知道我的堅持，便也從善如流，同意我的決定。

時至今日，張媽媽的負債不僅幾乎都還清了，還因為處分一些被假扣押的土地而進帳一筆為數不小的金額。她感恩地告訴我，這些錢有一半的功勞是我幫她爭取來的，另一半是上帝的恩寵。她將大多數的存款存在我的分行，甚至告訴她的家人，盡可能將名下的存款都移存到我的銀行，算是回饋我對她的幫助。我何其幸運，能參與張媽媽這場有悲又有愛的人生劇場。

這件事讓我有兩個啟發。第一，眼光真的要放遠。當年，若單純只看張媽媽是一位家徒四壁的窮苦人家，對工作沒有助益而不願意去幫她，就不會有今天他們全家對我銀行業務的大回饋。

第二，生活是一種善緣好運。就是相信生命裡發生的每件事情都有它的意義，用愛與關懷盡情地付出，得到的喜悅是無與倫比的。

讓你富有的心靈存摺

當你懂得為別人留下餘地，其實你已經獲得一片福田。

六年磨一劍

朋友關係更甚於客戶關係，
在開始賣東西之前，先交朋友，或者根本就不要賣東西。
最高層級的行銷是，「不是賣東西給客戶，
而是幫客戶買東西」。

簡訊傳來：「袋子已好了，隨時可來拿。」這是已有七十年歷史的永盛帆布行老闆娘，也是我的好朋友冰瑜姐發送給我的訊息。不到一個小時的時間，我就開心地來到店裡，準備取走三個「客製化」的帆布包。

說「客製化」，是因為我都會請冰瑜姐將半成品給我，讓我拿去繡要給朋友的名字與話語。用我自己的書包為例，書包下緣就繡上了我的英文名「Terry」，和我的座右銘「熱情驅動世界」。這個袋子，就成為自己專屬的物品。

近幾年來，我總喜歡以「袋」會友，把友誼裝在實用好看的帆布包裡，絕對是歷久不衰的維繫之道。收到這個禮物的朋友，也都很喜歡我的創意巧思。

認識老闆森永哥、冰瑜姐一家人，已有七年之久。當時我上班的京城銀行台南分行離他們的店不到五十公尺，算是鄰居吧。當時，只要我工作較疲累、精神較不濟時，我就會穿過馬路，不到三分鐘時間就到店裡。他們的店面是開放式的，有許多鄰居或客人在此駐足閒聊，我也就加入戰局，一起天南地北暢談，藉以舒緩疲憊的心靈。

多年來，不論春夏秋冬，他們夫妻倆幾乎沒有假日可言，每天夜以繼日、不斷趕工客人訂製的包包。若想要客製一個屬於你的包包，等上幾個月是必要的。也就是說，當你今天訂了一個帆布包，有可能已經遺忘有這麼一回事時，突然間，收到了一個包裹，你心想：「這是哪一位愛慕者寄來的禮物呢？」用心跳一百的心情，打開紙盒，看見的會是讓你感動三百的手工托特包，而它就是你在幾個月前來台南觀光時，所買下的一個回憶。

有一天晚上八點，我去找森永哥和冰瑜姐拿袋子，剛好聽見隔壁消防局的消防車鳴笛出動，心想：「哪裡失火了？希望無人傷亡。」到了店內，只見冰瑜姐一個人坐在裁縫車前，還在趕工。

我問冰瑜姐：「森永哥去哪裡呢？」「真不好意思，他三分鐘前剛隨消防車去救火，要晚一些才回來。」「我想起來了，永哥是義消對吧，我常看他穿義消的polo衫。」「是啊！」冰瑜姐說。

我心中的納悶是：「天啊！森永哥，你太太還沒吃晚餐，還在趕工客人的包包，你自己竟然就這樣放下手邊工作，衝出去與打火兄弟救火去，你實在太有責任感了吧！」

我問冰瑜姐要吃些什麼？她說，我不餓，剛才已先吃餅乾止飢。我說，我去幫你買。她連忙說，不用了，等會兒曾大哥回來會幫我買的。

我就在店裡，與冰瑜姐聊了近一個小時，隔壁的度小月擔仔麵依舊人聲鼎沸，卻仍然不見森永哥回家的身影。因為時間已晚，我便起身告辭，也不忘提醒她要多休息，千萬別把身體累壞了。他們夫妻不但辛苦打拚事業，對社會也仍然持續付出。

我們就是在這種沒有利益關係、只有朋友交情的緣分下，經過六年多的了解，最後，竟是他們夫妻樂意成為我的客戶的主要原因。

他們曾經告訴我，對於銀行業務他們真的不懂，之前他們也很納悶，為何我到店裡，都沒有向他們推銷任何金融商品，反而是許多剛認識不久的金融業朋友，向他們不斷地推銷。

我笑笑地說，我知道你們夫妻個性保守，忙於工作，無暇處理金融事務。這種業務機會，一定要有非常強的信任基礎，你們才會安心地交付所託。所以囉，在時機尚未成熟前，我是不會開口的。

冰瑜姐開玩笑地說，你也真會忍耐，這一等，也讓我們等太久了吧。

我說，「客戶是寶，越多越好」，我當然很希望你們趕快成為我的客戶，但若是急於銷售，將關係建立在商品上，反而不是我的初衷。我繼續補充說，**朋友關係更甚於客戶關係**，我喜歡分享商品，而不是賣商品。

對於銷售，我的見解是，在開始賣東西之前，先交朋友，或者根本就不要賣東西。而最高層級的行銷是，「**不是賣東西給客戶，而是幫客戶買東西**」。

在這間老房子裡，你會聽見裁縫車唧唧作響的聲音，那是一針一線的品質保證；也會看見森永哥與冰瑜姐親切問候客人的招呼聲，那是滿滿的人情味與親和力。

謝謝他們對我的信任，也感謝他們對我服務的認同。

讓你富有的心靈存摺

邁向成功的人，是從關心別人開始行動。
招致失敗的人，是從考量自己利益出發。

信任帶來新幸福

關係是信賴的基礎，也是成就業績的根本。
好關係的建立，從掌握客戶需求與解決客戶問題出發。
讓客戶相信，你是有能力解決他一切相關問題的專家。
只有真誠，廣大的人脈才能轉化成為好人緣，讓銷售長青。

母親節前夕，公司訂了大批的康乃馨花束，要分送給客戶，為這個偉大節日的來臨，增添一些溫馨的感動。就這樣，這幾天刻意安排一些外訪行程，將康乃馨獻給客戶，互道「母親節快樂」。

李董，公司的忠誠客戶，已與我任職的分行往來將近數十年，歷任的分行經理都與他熟識。他幾乎一週會到分行一趟。若我在，他就進我辦公室聊聊。每次他來，話匣子一開，總有說不完的人生經驗。在我心目中，他不僅是一位客戶，更是一位有智慧的長輩。我從他身上看見一種哲人的風骨，我尊崇他的生意頭腦，也欽佩他樂於提攜後進的人格特質。

記得有一次閒聊中，他告訴我，為何一直與我的分行往來。那段話我永遠都不會忘記：「我是一個很念舊的人，也是懂得感恩的人，以前受到你公司資金的扶持與幫忙，公司才得以成長茁壯。現在縱使很多銀行來請託利誘，給我更好的條件，我還是將你們視為第一往來銀行。這種在最艱困時候扶我一把的，才是我最看重的價值，不是價格因素可以取代的。」

今天早上，我獻上一束康乃馨，也與李董再度暢談人生，讓我又有新斬獲。接近中午，我外出拜訪台南當地一家大醫院的院長。走入院內，瞧見護理人員胸前都別著一朵康乃馨，處處洋溢著過節的歡樂氣氛。這幾年來，因為院長的鼎力相助，對我分行業務的成長有莫大的助益。我很重視這段得來不易的友誼，只要每逢節慶或公司舉辦各種活動時，都是我們表達關懷的好時機。也因為常常互通有無，彼此一直互動愉快。

回到公司，約莫午後三點，我撥了通電話給另一名客戶陳小姐，詢問她是否有空，我想帶著康乃馨去拜訪她。電話那頭說：「我現在不在公司，你交給我們公司的同事即可，何必這麼多禮呢？」我說：「這是公司的一點心意，不成敬意啊！」

電話那頭說：「我聽你同事講，你們公司現在不是正在舉辦業績競賽嗎？若你有需要我幫忙，記得告訴我喔。」我喜出望外地說：「當然好囉，真的很謝謝你。」「這是你們服務的貼心與用心打動我，況且我也幫得上忙，那有什麼問題呢！」她回說。

掛上電話，我興奮地與另一名同事分享這個好消息。我們都感受到，當自己努力且盡力地維繫客戶關係，更令人感到窩心的是，客戶情義相挺的回饋。「信任，帶來新幸福。」是一句廣告台詞，在今晚要下班之際，竟忽然浮上我腦海。早上，李董的舊情綿綿，令我感動萬分；中午，院長的真誠回饋，讓我充滿喜樂；下午，陳小姐的熱心相挺，讓我心情開懷。

銀行是一種與財富高度相關的行業，這需要信任才能交付所託。信任更來自生活上真實對彼此的了解與互動，才能累積而成。我相信，努力的付出，誠懇的對待，客戶終將能看在眼裡，感動在心裡。

我在業務開發的領域裡，發展出行銷的「三R理論」：

第一，Resource（**資源**）：當一位稱職的業務員，一開始一定要鎖定目標客群，也就是要有「選對池塘釣大魚」的能力。所以，資源在什麼地方，就該往那個地方下手，才有效能。很多業務員並沒有靜下來好好想一想，他的客戶是誰？就猶如大海撈針，很難精準行銷。

第二，**Relationship**（**關係**）：關係是信賴的基礎，也是成就業績的根本。好關係的建立，從掌握客戶需求與解決客戶問題出發。讓客戶相信，你是有能力解決他一切相關問題的專家。而良好的客戶關係來自於真誠的關心客戶。真誠容易感動人心，只有真誠，廣大的人脈才能轉化成為好人緣，讓銷售長青。當這種信賴關係被建立起來，你就是客戶的 **7-eleven**（便利好鄰居）。

第三，**Result**（**結果**）：若能掌握優質的目標客群，又能建立以信賴為基礎的好關係，當然業績的達標就比較容易，進而帶來美好的結果。

如果說，今日的我有比別人更積極樂觀的性格，我想主要原因是，我認認真真當了多年的業務員。而現在，我還是業務員，推銷我的熱情，銷售我的夢想，販賣我的美好人生。

讓你富有的心靈存摺

業務的「藍」海策略：
要有明確的目標「藍」圖；
要有美好的心情「藍」天；
要有多元的種類「籃」子。

Part 3

行動，
深耕好人脈

付出是快樂的，
雖然我們不求回報，
但最終那些美好的結果，
全部都會回到自己身上。

沒有傘的雨天

雖被拒絕，卻是無憾。
我認為我完成了在這座城市少有人會做的事，
就是不斷地給人幫助，給人方便。
付出的種子，一直都在我心中滋生著，沒有停止的一天。

那是一個南部放晴、北部有雨的早晨。

搭第一班高鐵，到台北開經理人會議，目的地是台大集思會議中心。我習慣了早出門，到了台北雖可搭計程車直奔會場，我卻喜歡轉搭捷運，稍稍感受台北通勤族的匆忙。我不是一個走路很快的人，每每在月台行進間，看見這群拚了命趕捷運、深怕遲到的台北上班族，我都會慶幸，生活在南部，可以不用如此急促不安，像擠沙丁魚般忍受通勤之苦。

從高鐵轉乘捷運，一直都在不見天日的台北地底。直到從捷運公館站出來，才發現外頭正下著大雨。「哇，糟糕，沒有帶雨傘！」這是我初見台北天空的第一句感言。台大集思會議中心我來過數次，清楚知道從捷運站二號出口往左走，約莫五分鐘就可到達。

但這陣不大不小的雨把我困住了。要衝，全身上下必定淋濕，整天在會議室裡吹著冷氣，有感冒的疑慮；要等，或許十分鐘無虞，但時間一拖久，總會擔心趕不上會議開始的時間。

終究，我還是先佇立在出口，觀望這陣對我不友善的雨。

關於等雨，我不孤單。一位女孩與一位男孩和我一樣，沒傘，也沒轍。我們並肩而站，看著馬路，想著雨停這回事。但，雨終究不聽使喚，依然故我，急速流竄玩耍。

過了三分鐘，我忍不住了，轉頭問我身旁的這位女孩：「不好意思，你知道哪裡有賣雨傘嗎？」「就在馬路的對面，從二號下去，一號出口上來就會看見。」這位我認為剛出社會不久的小資女，大方對我說著。

我熱心問她：「要不要幫你買呢？」她說不用，等一下會有同事來接她。

我馬上化被動為主動，立馬衝到對面的店舖買傘。我明白，這把意外之傘，會解救我免於會議遲到，也將是我的感冒救星。

走回一號地下道，再從二號出來。這時，雨依舊下著，但那位女孩不見了，可想而知，她的同事將她接走了。現場只剩下那位男孩，以及一位剛剛我離開現場、加入沒傘行列等待雨停的中年男子。

此時的我，大可將買來的傘張開，然後往會議地點走去。但我沒有。

我走到這位男孩旁邊，有禮貌地問他：「哈囉，你好，我們剛剛一起都在等雨停。我後來跑去買傘了，你要往哪邊走呢？我要去台大集思會議中心，如果同方向的話，不介意就一起撐傘走吧！」

這位男孩露出靦腆的笑容回我：「我要到台科大，比你的路程還要遠啦，真的不用，謝謝你的好意喔。」

原來這個男孩是一位學生。他拒絕我。

我一不做，二不休，改問那位中途加入的中年男子，心中的目的只有一個，就是好人做到底，不要讓他覺得厚此薄彼。當我對這位穿著白襯衫、長相頗為嚴肅的男子開口時，我的話都還沒說完，他便一個揮手動作，示意拒絕我。我猜想，可能剛剛我與那位同學的對話他聽見了，便快速地打發我。

雖被拒絕，卻是無憾。我認為我完成了在這座城市少有人會做的事，就是不

讓你富有的心靈存摺

生活慢一點，心情好一點。格局高一點，成就大一點。
助人多一點，樂趣加一點。體會深一點，智慧廣一點。

斷地給人幫助，給人方便。

我撐著傘步出捷運站，往左邊方向獨自走去。當我走到會場，將雨傘收起之際，腦中突然閃過一個念頭。我剛剛應該讓這位要去台科大的學生與我一起撐傘同行，等我到台大集思會議中心後，我便將這把傘送他，讓他自己走下去。我知道，走進屋簷後，我便不缺傘，而他，正需要著。

是來不及了。我懊惱地想著。

但我相信，關於付出與幫忙的種子，一直都在我心中滋生著，沒有停止的一天。

業績的臨門一腳

當晚，我完成了她店內的最後一筆交易，
陳小姐開心地向我致謝，
讓他們的業績跨過門檻，能夠領取獎金。
快樂就像香水一樣，當你灑向別人，自己也會沾到一些。

假日時光，到一家知名的連鎖家具店採買椅子，經過店員專業且熱心的介紹，終於敲定了一筆交易。那是一張母子椅，原價接近萬元，經過一番廝殺，最後九千元成交。

令我高興的，不僅是買到自己想要的椅子，也在一陣攻防後，我又多交了一位家具業的朋友，她是陳小姐。

這種因為買東西，而跟店員成為朋友的案例，在我身上屢見不鮮。或許是自己長期都待在服務業，個性較大方且善聊天；抑或自己喜歡廣結善緣，建立新的朋友關係；再者，心中也有一股小小的期待，希望透過與店員聊天互動，增進彼此的認識與了解，終能讓店員覺得我是好客戶，把我當朋友，然後將價錢算我便宜些。

陳小姐在結帳時告知，因為我買的是促銷品，目前店內無現貨，必須等到月底左右才能取貨。我說：「不急，貨到了再通知我吧！」填妥相關資料後，便喜孜孜離去。

「吳先生嗎？我是陳小姐，您的椅子來了，方便明天來取貨嗎？」陳小姐在月底的倒數第二天，打了通電話給我。

我告訴她說：「明天的行程已經安排滿檔，是否我今天下班後就去載呢？」

「可能沒辦法喔，司機要明天一早才能送貨過來。」她說。

「不然……我下個月月初再過去，晚個幾天取貨無妨吧？」我說。

陳小姐在電話那頭支支吾吾：「好吧……哪一天要來取貨，請再告知！」

過了五分鐘，陳小姐又來了一通電話，急促說著：「吳先生，司機告訴我，他願意下午就將貨送來，您晚上可以來載了。」

我說：「哇！真不巧，剛剛和你通完電話後，一位朋友來電，我晚上已經確定和他有約了。還是下個月初吧，反正我不急！」

陳小姐被我澆了盆冷水，有些無奈地接受我的回答。

當過業務員的人都知道，月底這一天是至為關鍵的一天，業績稍差的業務人員，會在最後一天使出渾身解數，與客戶搏鬥到最後一秒，希望有機會成交一些業績，免得被老闆罵到臭頭；而業績好的頂尖業務員，也會盡力灌進一些業績，免得被同事翻盤，那可是比「馬關條約」割地賠款還要屈辱的一件事。

從事業務多年的我，常常告誡業務同仁，千萬不要有「月初逛西湖，月底打老虎」的心態。進度若沒掌控好，可是會被老虎給吞噬呢！

就在月底的這一天，不知哪來的意念閃過心頭，想起陳小姐昨天與我通電話的內容。「她應該是缺業績吧！」我心中忖度著。

「陳小姐，我晚上會過去取貨喔！」我說。

「真的嗎？吳先生，好感謝你喔！」她說。

當晚，我完成了她店內的最後一筆交易，陳小姐開心地向我致謝。她說，非常感謝我的幫忙，讓他們的業績跨過門檻，能夠領取獎金。我說，或許因為當過業務員吧，我能體會追求業績的得失心，而能成為你業績的臨門一腳，我也是很開心的。

讓你富有的心靈存摺

熱情是一種味道，聞到它讓你快樂一整天。
慈悲是一種氣息，感染它讓你受用一輩子。

我再補充，多年前的我，總是有人願意伸出援手，讓我直呼，我真是全天下最幸運的人。今天，我只是把這份情傳下去，也讓你感受到溫暖。

在道別的同時，我向陳小姐分享一段話：「快樂就像香水一樣，當你灑向別人，自己也會沾到一些。」從陳小姐燦爛的笑容裡，我深信，在這個世界，快樂真的隨手可得。

人脈的終極目的是「利他」

一個助人的背後，不是只有一個人單打獨鬥，而是群體好友的互相支援與加油，才能成就一件美事。熱情的態度，是深耕人脈樂此不疲的關鍵。

因為一通請託電話，我認識了兩位來台灣拍攝行腳節目的日本人，他們是電視節目「Duomo」的主持人赤塚亮太朗，與導播兼攝影師甲木伸昌。打電話給我的，是我已認識十多年的銀行前同事繼寬。我們有當年一起進分行的革命情感，維繫著良好情誼。

猶記得，繼寬打給我時，聲音有些急促與焦躁，彷彿遇到了一個難題。通常，聽到或知道朋友需要我的幫忙時，我都是用開闊的心情，傾聽朋友的問題後，確認是否在我能力範圍內，然後欣然接受請託。

關於「付出」這回事，因為極度認同「施比受更有福」的道理，我總是樂於助人，試著讓自己做到「人生以服務為目的」的境界。

聽著繼寬告訴我非常有限的資訊，我還是一頭霧水，只知道要幫兩位日本人找到晚上可以便宜或免費住宿的地方。兩個日本人不會講中文，繼寬不會講日文，彼此只能用簡單的英文溝通。繼寬說，他們中午從台南成功大學附近出發，要步行二十公里走到新市。因為已接近傍晚，必須留宿新市，才請我協助尋找住的地方。

結束這通電話，我知道這是一個充滿了趣味與挑戰的協助。趣味是，能夠認識日本人，又能為國家盡到友善的國民外交；挑戰是，我也不會說日文，不敢想像幾個小時我們碰面後，會發生什麼雞同鴨講的窘境與難題。

所幸，「微笑」與「肢體動作」果然是世界上最通行的語言。我們用簡易的英文溝通，輔以誇大的表情與比手劃腳，終究能彌補語言的隔閡與障礙。

幾經確認，得知他們要從台灣的國境之南——墾丁，一路步行走到桃園機場，將會在五月卅一日離開台灣，然後搭飛機回日本鹿兒島，繼續步行往北走，直到六月十四日那天回到福岡棒球場。六月十四日是他們電視節目開播的紀念日，他們想要在那一天走到棒球場，為福岡的當地球隊——軟體銀行鷹隊加油。在我與他們認識的那一晚，他們已經來台將近一個月了。

每天，只要軟銀鷹在日本職棒比賽中贏球，他們就可以得到三千日圓（約台幣七百五十元），這是他們在台灣的生活費（含住宿）。如果球隊輸球，則沒有零用錢。他們必須在五月底之前每人存到九千元，才能買機票回到日本。

這是一個節目，也是一項考驗，更是一種使命。他們只能靠雙腳走到桃園，不能搭便車，不能坐火車與公車。最大的挑戰是，他們在台灣沒有朋友，只能邊走邊靠台灣人伸出援手來幫助他們。

他們沿著台一線一路北上，每日約走二十公里。依此距離推估，很容易猜測每天的落腳處。因為自己工作地點在嘉義的緣故，我知道他們三天之後會來到嘉義。或許未來的三天裡，我是有機會幫助他們的。甚至，我美好的猜想，只要我在其他縣市有認識的好友，都可以請他們伸出援手才是。

算一算，從認識當晚起一連七天，除了第六天他們走到民雄那晚，我幾乎天天與他們一起吃晚餐，聊上一兩個鐘頭。在與他們結識的短暫日子裡，細數我請求協助的人力，與得知訊息主動要幫忙的朋友，加總起來約有五十人之多。

在聯繫眾多朋友的過程中，有兩個心得可以分享。第一，我請求幫忙的朋友，他們與我的個性幾乎如出一轍，都是樂於助人的，證明「物以類聚」的道理。第二，過往曾經接受我幫助的朋友，這次得知有機會可以幫我時，紛紛透過各種管道出手，展現一種「知恩圖報」的氣度。

我相信，因為自己過往與人為善、廣結善緣的緣故，才會有如此多的朋友願意出手相助。這也讓我看見，一個助人的背後，不是只有一個人單打獨鬥，而是群體好友的互相支援與加油，才能成就一件美事。

如期的，在六月十四日這天，赤塚亮太朗平安地抵達福岡棒球場，並且登上投手丘，投出神聖的一球。

隔天，也就是十五日晚上，我收到赤塚亮太朗的簡訊，內容是這麼寫的：「受到您的諸多關照。我一輩子都不會忘記您。」哇，這封從日本捎來的訊息，讓我開心又感動，也相信為他們所做的一切都是值得的。

再過兩個星期，我又收到赤塚亮太朗手寫的信箋，以及這次完整節目的五片DVD。信中說：「託您的福，謝謝您的幫助，讓我成功回到日本。歡迎您來日本福岡玩，非常感謝！」

人脈的終極目的是「利他」；而我認為，擁有熱情的態度，是深耕人脈樂此不疲的關鍵。

與兩位日本朋友揮手說再見的那一晚，他們請我在他們每天帶著走的石頭上寫下一句話並簽名。我毫不猶豫就寫下「熱情」二字。希望他們喜歡我獻上的熱情，在往後的日子裡，回味這趟充滿濃厚台灣人情味的旅行。

讓你富有的心靈存摺

真誠地去幫助別人，別人會用真誠的二次方還你；
快樂地去分享生命，生命會用快樂的二次方回你；
熱情地去驅動世界，世界會用熱情的二次方賞你。

不帶遺憾的熱情

劉老師不是自強號的司機，
縱使想要回頭買蛤卻也無法下車，
而我是車子的駕駛，握有駕馭方向盤的權利，
我不想錯過這幕劇情，成為局外人。

明天是成功大學新生訓練的日子，今天的台南後火車站，就看見許多家長帶著大一新鮮人前往報到。

好久之前，瀏覽過《LOHAS生活誌》裡的一篇文章，是好友劉克襄老師寫的，寫他到花蓮玉里鎮的市集，與布農族原住民阿婆的一些對話與感想。印象最深的一段內容是，劉老師發現阿婆一包生蛤只賣五十元，遠比他認知這包蛤應該有兩百元的價值來得便宜，阿婆也希望他買，讓她能有一些收入。單從價格的角度是可以買的，但礙於劉老師等會即將從玉里搭自強號回台北，這些蛤無法保鮮擔心腐敗，因而拒絕了這樁買賣。

文末，最讓劉老師深深遺憾與扼腕的，就是沒有花五十元買下阿婆那包蛤，讓他帶著些許的悔恨與惆悵回到台北。

經過前幾天颱風外圍環流雨水的肆虐，今天總算晴朗，中午時刻行經台南小東路與前鋒路口，車子因為紅燈而停了下來。眼前看見的，是一位媽媽拖著行李，背著背包，後面跟著的女兒一樣拖著大包小包，從我面前拖曳而過。我確信這是一位即將體驗大學生活的成大學生，陪同的是一位不放心女兒的母親，帶著不捨的心情跟著來到台南。兩人今天來瞧瞧府城悠閒的面貌。

當兩人走過三十公尺長的斑馬線，炙熱的太陽把她們幾乎曬暈了，尤其又有一堆行李，更是雪上加霜。當紅燈轉綠燈的同時，我油門一踩，心想：「的確尷尬，只剩約五百公尺就可以到達後火車站的成大新生報到處，叫計程車不太划算！」

我猜，他們應該是搭客運下來，客運停在火車站前站，因為不諳方向，才會走錯路，繞這麼一大圈。

經過五秒後，我突然意識到：「我應該載她們的。」「她們若是搭我便車，不到一分鐘就到了。」「母女倆會不會把我當壞人而拒絕我呢？」「我是不理她們，還是回頭呢？」這些聲音在我腦海裡此起彼落呼喊著。

最後，我想起劉老師的那篇文章，我不想有遺憾。劉老師不是自強號的司機，縱使想要回頭買蛤卻也無法下車，而我是車子的駕駛，握有駕馭方向盤的權利，我不想錯過這幕劇情，成為局外人。

我將車子回了頭，停在她們母女前面，下車等她們迎過來。女兒走在前面，我對她打聲招呼說：「你是不是要去成大報到的新生呢？」「是啊！」「我剛好也往同一個方向，我載你們一程吧，主要是天氣這麼炎熱。」

我看得出來，這位十八歲的小女孩面露懷疑的眼神，是想要拒絕我的。但她的母親在後面竟馬上脫口而出：「好啊好啊，謝謝你！」我心想：「真是太熱了，否則做媽媽的在女兒面前剛好把我當教材，不劈頭拒絕我才怪！」我再一次向她們解釋，我只是順路，若覺不妥沒有關係。

最終，她們還是相信我的真心。在車上，我問這位媽媽：「你們從哪裡來的？」「台北。」「考上什麼科系呢？」「中文系，不過要轉系，這不是她要的，本來打算重考的。」就一段簡短談話，我就開到了目的地。

停好車，我幫忙她們將行李卸下。母親用感恩的口吻問我貴姓？我遞了張名片給她，告訴她，我是吳家德，並禮貌性地問她貴姓。「我姓張，真的很謝謝你。」「就只剛好嘛，再見囉！」我說。

關上車門，我輕嘆一口氣。對照劉老師沒有買到蛤的心境，我沒有遺憾了。

∞

這種路邊奇緣，還有兩個故事可以分享。

一個週六早晨，當我從學校運動完，騎摩托車要回家之際，赫然看見一個年輕人坐在橋邊涼亭的木椅休息。我的直覺告訴我，他應該是一位步行者。我心中想著，不知道他是否有需要幫忙的地方，是缺水還是缺肌樂呢？總之，就是想問候他，送上在地的溫暖。

我將摩托車轉向繞回，停在路邊向他熱情地打招呼。他是一位東海大學學生，叫洪士育，家住高雄。幾天前，開始從台中徒步行走，走到台南新市時已是第六天。

我問士育，為何要如此走？他說，他曾經騎單車從台中到高雄，這一次，想要試試用走的回家。他說，年輕是一種本錢，就該做些挑戰極限，也可以留下回憶的事。我再問，到今天是否有按照原定的行程呢？他說沒有，比原定時間晚了一天。我問，為什麼？他笑笑地說，他太高估自己的腳力了，出發第二天就讓他吃足了苦頭，腳底起了水泡，讓他舉步維艱，因而耽擱了行程。

士育的計畫雖然趕不上變化，但他沒有放棄，仍堅持走下去。這讓我想起馬克吐溫的一段名言：「若想要感覺安全無虞，去做本來就會做的事；若想要真正成長，那就要挑戰能力的極限，也就是暫時地失去安全感。所以，當你不能確定自己在做什麼時，起碼要知道，你正在成長。」

這句話是我初踏職場時所讀到的。此後每每演講，我都會以此鼓勵年輕人，告訴他們，不管遇到多少挫折都應該堅持並全力以赴，才是成長的關鍵。

我們約略聊了十五分鐘，留下彼此電話，加了臉書與 line，成為路上邂逅的有緣朋友。晚間七點左右，我致電士育，問他是否已經安然回家？電話那頭告訴我，他平安到家了，謝謝我的關心。

∞

又有一回是在某年仲夏，我自行開車到台東出差，從知本走台九線往台東市區。基於路況不熟，我開得特別慢，行過大潤發時，就發現有一位阿婆在太陽底下等公車。

心中念頭一閃：「載她一程吧！」但因為已開過頭約二十公尺，我便將車切到路邊，然後緩緩將車倒著開，幸好那時路上車子不多，挺安全的。我從照後鏡看見阿婆睜大眼睛，看著我「倒退嚕」。

不出十秒，我搖下車窗對阿婆打招呼。正想要展現誠意，想不到阿婆快我一步，對我說：「少年耶，你要載我喔，我可以上車嗎？」「當然好啊，上車吧！」我微笑回應。

一上車，阿婆就不斷感謝我。她說，她去大潤發採買東西，等很久公車又不來，高溫天氣讓她很疲累。我問她住家在哪裡，也順便請教她中央市場怎麼走。她說她不知道，但她願意幫我問別人。我說那不用了，我自己找就好。

車子開不到一公里，她就急忙告訴我說，她的家在路邊快到了。我說，這麼快啊！她不好意思回我說，以前她都是走路回去的，前幾個月腰椎受傷，所以無法長行。

我問，為何會受傷呢？她才傷心地告訴我一個沉痛的原因。兩個月前，她先生剛過世，在過世之前，就已長期癱瘓臥病在床。她要幫先生翻身拍背，偶爾也要抱先生坐上輪椅，長期的出力與彎腰，造成她腰部受傷。

聽完之後，心中湧起一陣心酸。我將車子停好，順道幫她將物品拿下車。阿婆一直熱心地請我到她家坐坐。我說不客氣了，彼此揮手微笑說再見。

就是一個善念與舉手之勞，因為短暫的停留與交流，讓我聽見他們的人生故事，有「熱情」的分享，有「堅持」的力量，也有「恩愛」的情感。

謝謝老天的劇本安排，讓我在人生的道路上，能夠盡情付出，並享受付出後所帶來的美好。

讓你富有的心靈存摺

你的人生那樣過，我的人生這樣過。
若要人生好樣過，樂觀助人別錯過。

沒事，只想要知道你好不好

若真的沒事，偶爾打通電話更棒。
這表示你關心這位朋友，想要知道他最近過得好不好。
對方也會因為你想到他，而感到開心。

午後，接到一通電話，那是一位遠方舊同事哲民的來電。我們一年多不見，但彼此已認識近十年。之前因為共事的緣故，我曾經陪哲民走過一段生命的低潮，他知道我是願意幫他的人。

電話中，哲民告訴我，這幾天一直想要打電話給我，但又怕我在忙，而沒有打。我告訴他，千萬別客氣，有事當然要打；但，沒事更應該要打。他聽得一頭霧水。

我說，我喜歡幫助別人，如果朋友因為信任我，而來找我協助，我會很開心。當然，若有些事情我是無能為力的，我也會一起想想辦法。若再不行，總能表達關心，過些時日再問候狀況也好。而這些真誠的付出，都有助人際關係的維繫與增長。

我又說，若真的沒事，偶爾打通電話更棒。這表示你關心這位朋友，想要知道他最近過得好不好。對方也會因為你想到他，而感到開心。

我告訴哲民一個發生在我身上的例子。這個故事，是我與蔡詩萍大哥認識之後，有來有往的問候，卻讓我終身難忘。

蔡詩萍大哥是一位才子，從二十多年前讀大學時，我就耳聞他的大名。報章雜誌常能看見他的文章，他對政治、時事、職場、文學，乃至於現在的家庭親子關係，都有精闢獨到的見解。從他的筆觸，讓我看見更細膩的評論與鐵漢柔情的一面。

十多年前，他在非凡電視台主持「財經有影書」，是我每週必定收看的節目。這個好節目幫我過濾了買書的困擾，也讓我從他邀請來當書評的來賓中，了解到讀一本好書的啟發。我不僅喜歡他介紹的好書，更極度欣賞他的主持風格。有內涵，夠幽默，聊重點，都是關鍵。

多年前，當我打算為客戶辦一場高格調的講座時，我的第一人選就是蔡詩萍。那時，千方百計取得他的聯絡電話後，我便步步為營，發揮感動行銷的業務精神，告知他府城人文之美，來趟小旅行是有意義的……等等，終將讓這位硬漢點頭同意，當晚南下與二百位粉絲碰面。

我想，那次美好的經驗，讓他對我這位小老弟印象深刻。近幾年來，不論我北上，或他有機會南下，我們總能一年碰個幾次面。當然，拜臉書與通訊軟體之賜，只有遠傳，沒有距離，也成為友誼更加濃厚的原因。

就在兩年前的一個假日午後，我收到一封簡訊。打開一看，是詩萍大哥傳來的。簡訊寫著：「家德，我現正搭高鐵要到高雄演講，行經台南站，就想起你這位小老弟。發這通訊息問候你，沒事的。」

我告訴哲民，你知道嗎，這通簡訊雖短短幾個字，卻為我帶來長長的快樂。我喜歡這種真誠卻沒有目的的問候。

我繼續說，有一天，我在臉書上寫著自己身體微恙，已漸漸好轉的訊息。隔天中午不到，詩萍大哥就打了一通電話給我，開頭的第一句話就是：「家德，沒事的，因為看見臉書上的動態，想要聽聽你的聲音，祝福你一切平安。」

我告訴哲民說，當接到這種「關懷使人開懷」的電話，眼淚幾乎要流下來了。想到有人在幾百公里遠的地方關心你，只是單純地想知道你現在好不好。

這種無私情誼的交流，是我人生最開心的事。

當然，詩萍大哥對我的好，也讓我找到機會能夠回饋他。

約莫一年前，我搭高鐵北上開會時，高鐵上的當期雜誌剛好秀出一大張黃春明老師載著詩萍大哥騎「歐兜麥」的照片。那張照片拍得非常傳神且有故事性，我便用手機拍了下來，馬上line給詩萍大哥。下了車，便將此刊物寄到台北給他。

詩萍大哥收到後，他的文學性格大發，寫了一篇當年拍這張照片的背後心情故事，發表在臉書上，得到極度熱烈的迴響。他在文末寫道，非常感謝我願意將此雜誌寄給他，讓他有機會重溫舊日情懷。

哲民聽完，告訴我，他懂了，也非常感動。

所以囉，有事要找我，沒事也要找我。讓我知道，「沒事，你過得很好。」

讓你富有的心靈存摺

平安是一種浪漫，浪漫的很放心。
健康是一種樂活，樂活的很安心。
快樂是一種美好，美好的很開心。
幸福是一種溫暖，溫暖的很窩心。

做個有故事的人

「有故事的人」只是開端，人生漫漫長路，
會有寫不完與讀不完的故事一直發生。
前提是，你要願意與別人交換故事。

近年來，若有機會應邀到外面演講，不論社團或學校，只要他們想聽關於「熱情」帶來的魔力，我給主辦單位的題目通常是——「有故事的人」。

當然，對方會好奇地問我：「是誰的故事呢？」我說：「當然是我的故事囉，也是我這輩子經歷的好故事。人只要活著，就該讓自己的故事變得精彩，變得豐富。」而我也相信，透過自己的故事分享，會讓這個世界更加幸福美好。

演講題目「有故事的人」，起因於《有故事的人》這本書。這本書的作者，是我的好朋友凌性傑老師。

性傑目前在台北市建國中學擔任國文科老師，拿過文學獎項無數，也已經出版十多本散文、詩集。

認識性傑，是意外也是注定。

假日，通常是閱讀的最佳時刻。幾年前的某個假日，照例我前往誠品書店，走到詩集專區，在大片的書櫃前，目光恣意瀏覽，突然間，望見《海誓》這本書，便不自覺地拿來翻閱。說實話，打從大學時代起，我就愛讀詩，更喜歡體會詩的意境。性傑的這本詩集，開啟了我與他的相識之路。

不曉得你是否和我一樣，當喜歡一位作家的作品時，你連與他相關的一切事物都會感到好奇。你可能會繼續買他的新書，心中讚歎：「哇！寫的真好。」你可能將他的部落格加入我的最愛，隨時了解他的最新動態；你可能在臉書「加好友」，密切關注他的消息；你可能會去聽他演講，縱使距離遠，都不是你考慮要不要去的原因。是的，性傑之於我就是如此，他的筆觸總是能打動我的心，產生共鳴。

兩年了，打從《海誓》開始，我就是他的隱性讀者，他不知道我，我卻很認識他。是不是時候到了，我不知道；我在他的部落格留言，寫下我何以認識他的過程，他回我：「謝謝你的支持與鼓勵。」

再過一些時日，我直接打電話到建國中學找他，告訴他：「我是你的書迷，若來台南，一定要告訴我。」他回應：「好啊！我剛好下個月要去台南家齊女中演講。」「沒問題，我就是你的司機與嚮導。」我高興答著。那時，他出版《有故事的人》，正在做全省的巡迴演講。

一如約定，我終於與他碰面了。性傑說，台南對於他是再熟悉不過的地方，他雖是高雄中學畢業的，假日卻常常搭火車來台南，與荳蔻年華的伊見面。他說，這段中學之愛他甚少向人提起。

演講結束後，我帶他去吃台南小吃，也順道帶他去永盛帆布行走走。

其實，在他要來台南的前些日子，我已經為他客製一個書包，準備當成見面禮。書包上繡著他的新書名「有故事的人」五個字，與性傑的英文名字 Jason 並列。我告訴我的好友，也是永盛帆布行的老闆曾大哥說，當我開車快到店面時，請將我要送給性傑的書包掛在櫥窗上，與大導演李安簽名的袋子並列。

眾所皆知，永盛帆布行的販售櫥窗，一直以來都以李安簽名的袋子當成鎮店之寶。許多觀光客挑選袋子的樣式，也都會從這個櫃子開始看起。

當性傑進店走走看看時，赫然發現一個書包繡著他的書名和他的英文名字，

讓你富有的心靈存摺

每個人都該認識最深層的自己，
而不是讓別人認識膚淺的自己。

他大為驚喜。想當然耳，他知道這是我要給他的驚喜。從他臉上的喜悅得知，我真的讓他印象深刻了。

性傑對待學生的態度讓我欽佩，每每他到台南演講，總有一群已經高中畢業正在成大念書的學生會跑來跟他會面，他視每個學生如自己孩子般，很得莘莘學子的歡迎。

我很珍惜等了兩年得來不易的友誼，也很喜歡因為自己的主動而認識的朋友。我相信，「有故事的人」只是開端，人生漫漫長路，會有寫不完與讀不完的故事一直發生。前提是，你要願意與別人交換故事。

步向內心安寧

她慌張地對我比出不想要的手勢，
這次的失利，是我送出兩百多本後，
第一次遭受到的打擊。我相信，之後還是有人會拒絕我，
但這都無損我堅定的分享心情。

二〇一四年仲夏，我助印了一本小冊子，總共一千本，打算要送給一千個朋友。這是一本只有七十二頁、約花半小時就能看完的心靈好書，書名是《步向內心安寧》。

依稀記得，這本好書是多年前一位遠方朋友送我的。那時，我把它放在我的隨身書包裡，一擱大概就有一年之久。

我總是習慣在放假時，揹上繡著我人生座右銘「熱情驅動世界」的客製書包，到處「趴趴走」。而這本小書也就安靜地躺在書包裡，陪著我遊走四方。

某一次假期，我搭高鐵北上準備參加一個課程。因為趕時間，忘了帶幾本書同行，書包裡就只有這本小書。我想，就讓我花些時間把它看完吧。

深入閱讀這本書的內容後，讓我感到無比舒暢。書中的許多觀點，和我的人生價值觀與做人處世的道理相同。這是一本值得花三十分鐘看完，就能獲得內心平靜的好書。

我引用書中的一段內容：

生活是為了要「付出」而不是「得到」。當你全心全意地付出時，將不難發現，與「沒有付出就沒有收穫」同樣的道理是，「有給予，就無法避免要接受」。包括像健康、快樂、內在的安寧等等最美好的事情，都會得到。你會感覺到自己有無窮的精力，像空氣一樣取之不盡、用之不竭，就好像跟宇宙能的源頭搭上了線，通上了電。

我完全認同作者所言。付出是快樂的，雖然我們不求回報，但最終那些美好的結果，全部都會回到自己身上。作者的這番論述，也是我生活的終極目標，就是「對人有益，對己無虧，對事圓滿」。

之後，我發了一個小善心，打電話到出版社助印一千本，開始送給我的朋友，或是有緣的人閱讀。我也給自己訂下完成期限，希望能在半年內全部結緣完畢。

剛開始發送時，不管是在辦公室會客，在外頭見客戶、朋友、同學，或在餐廳吃飯時比鄰卻不認識的客人，搭高鐵坐在旁邊的陌生人，我幾乎都不放過。只要人在外面，我的袋子或車上也會隨身放個幾本，以便有機會送人。

我告訴他們，這本小冊子沒有宗教色彩，沒有艱澀文字，更沒有怪力亂神，有的只是教導我們如何愛，如何活在當下，如何讓內心平靜，如何簡單自在地過生活。大家聽完後，都非常樂意接受。這些課題，正是每個現代人最需要練習、也最迫切想要得到的。而這本書，就提供了正確答案。

我有兩次在高鐵結緣這本書的有趣經驗，一次成功，一次失敗。

某次假日，我從台北搭高鐵回台南，坐在我旁邊的，是一位年約三十歲的女性上班族。剛好，我的書包還剩下一本小冊子，我那傳教士般想要與她結緣這本書的精神，不由自主地興起。

她也是台南下車，趁著列車緩緩駛進站內，我轉頭拿出這本書給她，告訴她，這是一本言簡意賅的心靈好書，希望有機會送給你。只見她慌張地對我比出她不想要的手勢。

當下，我仍然給她一個微笑，說聲謝謝。這次的失利，是我送出兩百多本後，第一次遭受到的打擊。我相信，之後還是有人會拒絕我，但這都無損我堅定的分享心情。

二週後，我再度因開會搭高鐵北上，座位旁邊依舊有一位乘客（她坐窗邊，我坐走道，中間空著）。這位女性乘客大我約十來歲，看起來慈祥和藹。我心想，二週前的挫折怎能輕易擊倒我，有機會還是想要送她一本。

到了台中站，她要去上洗手間，向我示意借過，我收起餐板讓她通行。五分鐘後，她回來座位，再度向我說謝謝。有了這個機會，我便開始與她交談。很幸運的，我們聊得非常愉快，知道她姓顏，兒子正在讀醫學院。最後，我將這本好書送她，她開心地收下。

當我結緣到大約五百本時，已經花了將近四個月的時間。我心想，可能無法如期發完。但神奇的事發生了，在之後的兩個月，有好多朋友因為看了這本小冊子而深受啟發，紛紛回頭再向我索取，他們也要與更多的好朋友結緣。

讓你富有的心靈存摺

「抱怨」是一種負面的力量，讓人迷失方向。

「抱願」是一種正面的力量，讓人成長茁壯。

就在大家熱烈的迴響與幫忙下，我用稍稍超過、約莫七個月的時間，將一千本全部送完。

回想當時立下決心要做這件事情時，我也沒有把握能完成。就是一股熱情與傻勁，支撐著我向前邁進。可能真的被此書的作者和平朝聖者（Peace Pilgrim）所感動吧，她為了宣揚「和平」理念，步行三十年從未止歇，而我只用半年的時間宣揚她的理念，真的不算什麼啊！

「分享」是快樂的開始，那是一種具有愛的情懷、善的循環、美的慈悲的極致表現。謝謝這一千位有緣的朋友，讓我明白，有愛的人生最珍貴。

感傷卻沒有遺憾的離別

生命看似漫長卻很短，一切的緣分，都在自己的一念之間。這個事件，讓我更加相信，人生要將重要未完成的事往前移，然後才能無憾地離去。

從二樓的辦公室走到一樓處理客戶交辦的業務，看見一對夫妻與一位外勞，坐在銀行大廳的椅子上，而我的副主管錦雲正與他們對話。聽對話內容，好像是請他們搭計程車回家，千萬別自行開車。基於先處理要務，我並沒有馬上去了解發生何事。

完成我的工作後，我走向他們，詢問狀況。原來這位客戶周老師，從住家開車來，帶著太太與外勞到銀行辦事，周老師突然一陣暈眩，兩人便趕緊攙扶他到椅子上休息。

錦雲基於安全考量，請周老師不要勉強開車回家。但周老師說，讓他休息一下就好了。周太太當然希望先生以身體為重，但周老師覺得搭計程車回家，將自家車停在銀行外頭很不方便。周老師畢竟是開車的人，他堅持己見，也就僵在那兒。

了解狀況後，我告訴周老師，我可以載你們回家。周老師用虛弱的口吻對我說，那他的車子怎麼辦？我說，我不是用我的車子載你們回家，而是開你的車子。周老師訝異地問，那你怎麼回公司呢？我笑笑地說，別擔心我，我可以跑步回公司。

或許周老師真的很不舒服，又看我一副誠懇的模樣，終於接受我的建議。就這樣，我開著周老師的車，行駛約莫六公里的路程，平安地將他們送回溫暖的家。

車上的相處時光，我盡可能地讓周老師開懷，好讓他轉移疼痛，能稍稍舒坦些。在我溫馨的提問與傾聽下，找到周老師感興趣的話題，他開始訴說生命的二三事。

周老師先分享他阿公的事蹟。他說，他阿公是嘉義的名醫，救人無數，他們家族也因為他阿公的緣故，得到許多鄉親與地方人士的敬重。聊到這一段陳年往事時，我從周老師的眼神與口氣中，看見一種驕傲與榮耀。

接著，他說起二女兒在台北做手工餅乾的事。透過短時間的拜師學藝，再加上自己的努力與創新，已能做出好吃又健康的餅乾。到他家時，他即刻請外勞拿出女兒做的餅乾請我吃。這種愛女護女的舉動，令我感動窩心。

周老師真的把我當家人看待，又從抽屜拿出他小學的黑白照片，一張又一張的告訴我，屬於他那個年代的有趣軼事。周老師七十多歲，職業是國中數學老師，十多年前從學校退休，享受閒逸的山居生活。

回程，師母很熱心地幫我叫了一輛計程車，又拿兩百元給司機，不讓我自掏腰包。看得出來，周老師與師母真的很謝謝我的幫忙。但我更想說的是，謝謝他們給我機會服務，讓我能夠聽到這些美好的生命故事。

我向他們揮揮手說再見，完成一件重要的小事。

計程車開到公司，跳表的車資是一百七十元。回到辦公室，我就打電話給師母，告訴她，我已平安到公司，車資還剩三十元，我再找時間拿去還她。師母一直說不用。我說，這是一定要的。

過了幾天，我挪出工作的空檔，打了通電話到周老師家中，準備到他家坐坐聊聊，並歸還三十元的計程車資。

接起電話的，是師母疲憊又急促的聲音。當我說明來意，師母告訴我，周老師昨晚人不舒服又緊急住院了。她因為整晚沒有睡覺，剛回到家要小憩，我就打來了。

掛下電話後，我想也沒想就往醫院衝，心中只有一個念頭，希望能去看看周老師，給他祝福也給他關懷。這是我們生命的第二次聚首，但也是最後一次。

看見周老師時，他正在洗腎室的大病房準備接受診治。周老師知道我來看他，露出很高興的表情，那種笑容，猶如見到一位數十年的好友，開懷又雀躍。但實際上，我們只認識七天。床邊的座位有限，周老師就請照顧他的大女兒先到外頭休息，他說，想要與我聊一聊那天的未竟之事。老師的舉動讓我驚訝也感動，他真的把我當成他的忘年之交，讓我受寵若驚。

在那將近一個多小時的談話中，我很敬業地當了一位傾聽者，讓周老師暢所欲言，把他塵封多年的美好記憶分享給我。

周老師真的說了好多，其中有一件他覺得驕傲的往事。當他六十歲生日時，他嘉義中學的同班同學蕭萬長先生特地南下去看他，十足給他面子。微笑老蕭告訴他：「我可是放下繁忙的公事，特地來為你祝賀生日快樂喔！」周老師講到這一段時真的很開心，這個畫面我記憶猶新。

隔天，他的二女兒傳了一通簡訊給我：「家德經理，十二萬分感恩你來看我爸爸，我爸爸不幸昨天下午在醫院病逝，你是我爸爸生前認識的最後一位朋友，也是他生前最後見面的朋友。他走得很突然，也很快速，也就是在你離開後沒有幾小時，感恩你來看他。」當下我難過不已，但也只能接受這個消息。

幸好，我是一個行動派的人，才能與老師再見一面；幸好，我是一個廣結善緣的人，才能有機會認識老師。生命看似漫長卻很短，一切的緣分，都在自己的一念之間。這個事件，讓我更加相信，人生要將重要未完成的事往前移，然後才能無憾地離去。

周老師，您的言行風範，我受教了。

讓你富有的心靈存摺

我們無法替生命多添一點日子，但是卻能賦予日子多一點生命。

相遇，成為彼此的祝福

我對楚大哥說：「早上我才將您的故事輕輕的帶過，而中午我就重重的與您擦肩而過。」他說：「生命相遇的最高境界，就是成為彼此的祝福。」

幾年前，一個週六的早晨，我幫公司同事上課。課程中，我闡述「熱情」的人生，分享著在我生命中，因為懷抱「熱情」而發生的一些美妙趣事。我準備了一張投影片，說穿了就是一張照片，是我與廣播名人楚雲大哥在多年前的合照。這個「故事」礙於時間緣故，我並沒有向學員多做說明，隨即就跳到下一張投影片。殊不知，當天給我最大的驚喜，就是我與楚雲大哥在台南東區街頭的相遇。

楚雲，一位資深廣播節目主持人，多屆的最佳廣播節目金鐘獎得主。他神秘卻易於親近，他內斂卻樂於分享。夜裡，是他的聲音伴我度過夜以繼日苦讀的高中生涯；當我上了大學，負責社團演講邀約的工作時，我就鎖定楚雲大哥是我邀請的對象之一。

很幸運的，我真的把楚大哥請到學校來演講。他在演講中說：「生活是用來鍛鍊生命的；生命是用來造就靈魂的；靈魂是用來證明並完成愛和永恆的意義的。」這段話之於我，多年後仍受用無窮。

二十年前，我們因為演講而相遇。後來，也因為演講再相逢。

緣起於七年前，我在分行想要舉辦一場關於「旅行」的演講。那時，我又想起楚雲大哥。我知道楚大哥寫過一本旅遊書《一個遠方，忍不住奔赴》，書中，楚大哥用他的人文深度，將地理上的認知與靈性的體悟，交織得和諧圓滿。

當心中興起想要邀請他再來演講的念頭時，我猜想，他可能忘記我了吧！就抱著姑且一試的心情，我打電話到電台詢問，希望能聯絡上楚大哥。我向工作人員林小姐說明來意後，得到非常善意的回應，幾個小時後，林小姐就回了通電話給我，告訴我說，楚雲大哥依然記得我，並將手機號碼留給我，請我回電。我與楚大哥闊別數十年後，再度重逢。

近幾年，每逢自己演講，或與他人閒聊生命中難忘的歷程時，我與楚雲大哥的緣分，是我常常分享的故事之一。其中也包含林小姐的熱情付出。

那時，經由林小姐的幫忙，我才得以聯絡上楚大哥。我與林小姐素昧平生，她竟然在電話那頭說，她想要為我禱告。這是我人生的頭一次經驗，竟然有人透過話筒對我祝禱，當下的我欣然接受。三分鐘的禱告後，我隱忍住想哭的情緒，謝謝她的祝福，結束這通讓我永難忘懷的電話。

完成早上的訓練課程，我悠哉地開著車準備回家。等紅綠燈的時候，我竟然看見楚雲大哥在路邊行走的身影，當下的我簡直不敢相信，心中直呼：「不可能吧，楚大哥應該在台北啊，怎麼會在台南呢？」又仔細一看，「沒錯，就是他！」我興奮地搖下車窗，大聲呼喊。當兩人四目相望時，我們都笑了。原來楚大哥受教會的邀約，來台南長榮中學擔任《聖經》朗誦師資研習會的講師。

不期而遇後，我邀楚大哥到馬路旁的超商坐坐，一同望著落地窗外的街景，談論生命的美好。我對楚大哥說：「早上我才將您的故事輕輕的帶過，而中午我就重重的與您擦肩而過。」他說：「生命相遇的最高境界，就是成為彼此的祝福。很高興我們能在這裡相遇。」

我們聊了約十分鐘，因為楚大哥下午還有課程，我便載他回學校，結束這場

讓你富有的心靈存摺

生命相遇的最高境界，就是成為彼此的祝福。
生命相愛的最高境界，就是成為祝福的彼此。

意外的美麗邂逅。

在回家的路上，我思索著，我何其有幸，也何其美好，能在生命的旅途上遇見幸福。每天，你會與誰相遇，有些是自己安排好的，一切順其自然的發生；而有些卻是意外，好像是老天要送給你的驚喜，讓你雀躍，也讓你永生難忘。也就是因為交錯著這些已知和未知，才能讓自己的生命充滿更多樂趣。

你跟我想像的不一樣

透過好友再去認識另一位好友，是一件幸福的事；
能將美好的人生感受用文字或照片傳承下去，
也是一件快樂的事。

與劉克襄老師認識，始於多年前佛光山的一場講座。那時，我請好友、台南一中的何興中老師幫忙邀約講師，何老師因為與劉老師熟稔，便介紹我們認識。劉老師在台南有一群好友掛，包括何老師，還有現在與他共同搭檔主持公視節目「浩克慢遊」的王浩一老師。他們常常有活動就聚在一起，談天說地。有時候我也會參與其中。

當年剛認識時，劉老師對我在銀行工作頗為好奇。我們幾乎都是在假日碰頭，我的穿著也就不是襯衫領帶西裝褲，而是輕便的 polo 衫與牛仔褲。我告訴他，我在銀行擔任分行經理，負責綜理全行的金融業務。他一臉狐疑地說，我跟他想像中的銀行員樣子不太像。

劉老師會有疑竇，其實一點也不奇怪。的確，有許多客戶或朋友跟我說，我的人格特質與必須算計得清清楚楚的銀行業有些扞格。

就在某一年的盛夏，一個週五的午後，劉老師搭火車到台南，準備隔天在台灣文學館的演講。他喜歡走路散步，一路就從火車站走到我當時任職的銀行來找我，這一段路大約走了一點五公里。

當時，我正在辦公室工作，有同事告訴我，有一位朋友來拜訪我。我抬起頭一看，竟然是劉老師。我趕緊起身請劉老師到我的辦公室來坐，請他喝杯茶歇息一會兒。

我問老師，怎麼有空過來？劉老師笑著說，他想要出其不意地來見我，主要還是不太相信我真的是在銀行上班，所以特地拿著我給他的名片過來瞧瞧，確認我所說是否屬實。

經過這次有趣的邂逅之後，他終於相信了。劉老師說，他覺得我是一位性情中人，是他一輩子可以交往的朋友。而我也告訴他，我喜歡他的真誠與隨和，這讓我與一位大作家相處起來，完全沒有壓力。

近幾年來，我與劉老師的緣分越來越深，常常有許多機關團體想要邀約劉老師演講，他們都請我幫忙遊說，而劉老師只要是我請他幫忙的，他幾乎都會排除萬難的答應。這一點讓我非常感動。甚至，連我分行舉辦的自強活動小旅行，我都請劉老師幫忙設計行程，讓我分行的員工及家屬，直呼真的「賺很大」。

再談一件我與劉老師相處的小插曲。

高雄發生氣爆的那一晚，我陪劉老師參加在三多路星巴克咖啡館的華文朗讀節活動。劉老師朗讀三篇文章，分別是〈柴山〉、〈旗津半島〉和〈左營濕地〉。託老師的福，星巴克的區主管Linda，請老師和我喝了一杯香醇的拿鐵後，就用這個印有高雄地標的大號馬克杯送給我們，讓我驚喜不已。

朗讀結束後，則是開放片刻的簽書會。一位聽眾在現場想買老師的書，但礙於少錢而無法購買。我在旁得知後，向這位先生說，今晚能夠認識算是一種緣分，就讓我買來送給你吧。這位先生非常訝異我的舉動。我說，因為劉老師是我的好友，買他的書送你，也是一件令我相當開心的事。

過了三天，劉老師在網路媒體上，寫下〈謝謝高雄〉這篇悼念氣爆災難的文章，也寫出我買書送一位年輕人的小故事，著實讓我感到不好意思。老師的哲人風範與博學多聞，都是我要學習的。

透過好友再去認識另一位好友，是一件幸福的事；能將美好的人生感受用文字或照片傳承下去，也是一件快樂的事。

我想要對劉老師說：「謝謝您的多所幫忙，讓我從中學到一位社會公民應有的關懷與溫暖。也讓我清楚明白，要能夠成為一名大作家，所要投入的苦心與精神有哪些，這些都是我還能再進步的空間。」

友誼相伴，伴隨幸福。我與劉老師的善緣好運，正快樂地流動著，沒有終點。

讓你富有的心靈存摺

一位好友如同一本好書，讓你開拓視野。
一本好書如同一位好友，讓你增長知識。
好友好書如同生命之糧，讓你精彩一生。

關懷使人開懷

你的口氣與神情，的確讓我欽佩，
佩服你對生命的詮釋與釋懷。
也因此，這個短短兩小時的聚餐，
讓我看見也學會什麼才是人生的功課。

去年秋末，有兩件發生在成大醫院的故事。我雖都是局外人，但因為與朋友和同事有關，也就成為參與故事的其中一人。

兩個故事，來自兩個勇敢的女孩。

其一：

嗨，女孩。生日快樂。

我們認識很短，但緣分很深。科學地講，從我們九月廿三日晚上一起吃飯，算是認識的開端，至今也不過才五十六天。但，我要獻上最誠摯也最大的祝福，甚至，我還要向佛菩薩祈求，祝你今天不只生日快樂，還要身體健康。

因為你妹妹的緣故，讓我們開始這段一輩子的友誼。說實話，我不知道你那熱心的妹妹為何要介紹我倆認識。我猜，她知道我喜歡帶給別人信心才這麼做。或許，這也是緣分的牽引吧。套一句我常講的話，生命相遇的最高境界，就是成為彼此的祝福。所以，我要在成為朋友的過程中，一直祝福你，直到你恢復健康。

初識你的那一晚，我們約在台南的寬心園餐廳吃飯。那是你妹妹費心為我們選定的地點。在我看來，她真的很會挑餐廳，選了一家要大家都寬心的好場所用餐。現在回想，我覺得連老天爺都在祝福你。

用餐的過程，我們三人聊得很愉快，尤其你那愛與我鬥嘴的妹妹，總是喜歡和我唱反調，搞得你在旁冷眼觀虎鬥，樂不可支。好像我們已是多年朋友，沒有芥蒂與陌生，一切都是如此的隨意自在。

吃完主餐，上甜湯與水果之際，你妹隨口問你一句話：「姐，下午你去哪？為何電話沒接啊。」「喔，我去醫院看報告。」你說。「看什麼報告？」妹妹追問著。「就看檢查報告啊，醫生說我得了癌症。」你淡定地回她。對話不到三分鐘，一向愛笑愛講話的妹妹，突然獨自走向洗手間。我猜，她去大哭。而你，依然神情自若。

那時，你讓我看見什麼是豁達的人生與不可思議的鎮定。雖說，我曾經待在安寧病房當了一年的志工，看盡無數的生死。但，你的口氣與神情讓我欽佩，尤其是你對生命的詮釋與釋懷。也因此，這個短短兩小時的聚餐，讓我看見也學會什麼才是人生的功課。

後來幾天，我想要進一步鼓勵安慰你，我們再約了時間碰面。你向我說，其實你還是有「捨得」與「捨不得」的難題要面對。對自己的肉身，你全然捨得放下，因為你把每一天當最後一天在過，無怨無悔。但對自己依然年幼的三個小孩，捨不得在他們尚未成年就道別，那是人生的憾事，任誰也都不忍啊。

我說，你的堅強與樂觀，讓我覺得你就是人間菩薩，非常的了不起。而菩薩，有龍天護佑，當然一定會有好運的。

經過一連串的檢查與診治，你全然接受醫院的安排與治療，準備開刀。雖說，我們近期沒有見面，但我這幾天依然默默地向老天祈禱，祝福你手術順利，重拾健康的人生。我相信，你內心的安寧，一定也會讓你否極泰來。

在生日這天，身為朋友的我，寫了一封生日賀卡，祝福你一切平安健康。我當在你出院那日與你相見，獻上我美麗的祝福與關懷。而那時的你，當給我一個微笑與擁抱，讓我知道，你真的很好。我相信，因為關懷的力量，一定能為你帶來開懷的。

（後記：目前這位女孩因為手術順利，化療有成效，也重拾健康的身體。我們常保持聯繫，不僅時常問候，也互相勉勵。她非常感謝生病這段時間，我傳遞給她正面的能量，讓她心情舒坦。這實在是人世間最美的友誼啊。）

∞

其二：

參加完你的追思告別會後，回到家心情依然無法平復。旋即在臉書寫下這一段文字，一方面悼念你的離去，一方面也藉由書寫療癒自己的情緒。

走進追思教堂，你的奶奶帶我坐在第一排，好似告訴我，可以離你更近些。近距離看著你拉小提琴的人形看板，讓我流下第一滴淚，一滴「不捨」的淚水。

我算是提早到會場，早點到，就是想要和你說說悄悄話，感受你仍在我身旁撒嬌的溫存。你天真可愛的模樣，讓我流下第二滴淚，一滴「想念」的淚水。

家人為你製作生前的照片與影像，看著看著，與你認識十個月的美好記憶，瞬間湧上心頭，讓我流下第三滴淚，一滴「祝福」的淚水。

牧師的佈道與祝禱好感人，將現場親友的情緒推向最高點，我再也止不住心中的悲傷，淚水潰堤而下。這是一種淚流不止的思念，將我對你的愛化為永恆。

我們有緣，源自愛；我們有愛，愛相隨。我們再次約定，都要好好善待自己的未來，生命終將用勇氣和愛，接連過關。

在一邊寫、一邊流淚之下，思緒將我拉回到幾個月前，回看我們認識的緣分。一個週六的早晨，我從臉書瀏覽到以前老同事麗雪被標註的一則訊息，是一個小女孩生病的消息。後來才知，小女孩是麗雪的女兒，名字叫劉筱好。訊息內容是這樣寫的（僅摘錄其中一段）：

筱好因為常常異常流鼻血，於前年十月確診罹患惡性骨肉瘤，骨肉瘤位於鼻腔及頭顱的位置，因此須以開顱手術清除腫瘤，之後以化療搭配治療，使筱好順利地免於切除眼睛的風險。但沒想到，在去年十月開心地完成治療並許願要出國後的不久，就在回診時發現腫瘤已在顱腔內復發。筱妤天性勇敢樂觀，直接詢問醫師自己還有多少時間存活，在得知自己只剩下幾個月的生命後，筱妤選擇不要重新接受治療，而要快快樂樂地過她的餘日。

看完整篇文章內容後，我很感佩筱妤對生命的勇敢與正向，便打了電話給麗雪，表達想要與筱妤見面的機會。幾天後，在一個陽光大好的午後，我走進醫院的兒童病房，與筱妤見了面。

筱妤正在吃媽媽親自為她準備的愛心午餐。筱妤算是幸福的，有非常疼愛她的父母親與爺爺奶奶。也因為生長在一個美滿和樂的家庭，養成她開朗活潑的個性，而這個好性格，是她勇敢抵抗疾病的最大資產。

筱妤真的很勇敢，從護士進來替她打針，她完全面不改色地接受，我就知道這個小女孩有多麼的與眾不同。在與她相處的兩個小時裡，她的言談與表現，讓我看見人間小菩薩的身影，令我崇拜讚歎。

她說，她不怕死，反問我，有誰不會死？既然大家都一樣，那就快樂地活每一天，不是嗎？我驚訝於她十三歲的心智成熟度，對生命的認知是如此深入有智慧。我告訴她，你的堅強勇敢，一定會讓你的生命與眾不同。

因為非常聊得來，我問筱妤，有沒有任何夢想想要達成，而我可以幫得上忙的？筱妤思索不到一分鐘，就告訴我，她很喜歡陳文茜阿姨和彭于晏哥哥，希望他們有時間可以來看看她。

她的夢想的確不高，但也有難度。我告訴筱妤，我會盡最大的力量試試。筱妤露出非常開心的微笑，展開雙臂抱了我一下，祝福我幫她圓夢成功。

未來幾週，經由聯繫與幫忙，雖然我還是無法讓這兩大巨星來台南看筱妤，但，我終究將意思做到了。我請好友Momo協助，請彭于晏錄製一段近一分鐘的短片，祝福筱妤能夠早日康復。另外，也請友人文麗幫忙，取得陳文茜在她的新書《微笑刻痕》上，為筱妤親自寫下祝福的話語。

文字是這麼寫的：「筱妤，當一個人生病時，更體會生命的美麗。你比別人知道，什麼叫美好，什麼叫熱愛。於是，小小年紀的你，習得了成人沒有的智慧。願你乘著天使的翅膀，天天喜樂。祝福。陳文茜。」

筱妤知道這兩個願望幾乎是不可能的任務，而我能夠做到如此，她也是非常

讓你富有的心靈存摺
在苦難中若能找到一絲絲的光亮，就是希望。
在一絲絲的光亮中堅持永不放棄，就是勇氣。
在堅持永不放棄中追逐美麗人生，就是夢想。

感恩。

經過將近兩年的折騰與疼痛，筱妤終究抵不過病魔的打擊，於二〇一五年初秋離開人世。

謝謝筱妤，讓我認識你。雖然我們只結緣十個月，仍要感恩你，成為我心中不凡的天使。從希望到絕望，是一種漫長的痛苦煎熬；從等待到期待，是一種真誠的愛與關懷。

或許，這是最好的安排，也是真正解脫的唯一之道。此刻，我不為你感到悲傷，卻為你的家人感到不捨，是他們對你的愛，讓你自由。祝福你，筱妤，我愛你，也將永遠懷念你。

工作也可以是心靈風景

當你願意把「工作」當成生活的一部分時，
工作就不是一份苦差事，
而是一種人生過程的美好體驗。

接到同學毓義的電話，得知他有銀行業務需要幫忙。很快的，我就把手邊事情先告一個段落，隨即驅車開往台南麻豆。從公司到他農場，約莫有八十公里。從中山高麻豆交流道下來，一開始走的是大馬路；左轉後，變成小馬路；再右轉，就是羊腸小徑。小徑的左邊是稻田，右邊是果園，三繞四轉後，終於到達目的地。

這一個小時的車程，我已經從繁華的城市走入純樸的鄉村。很難想像，前一個小時，我還在電腦桌前關注全球財經市場的脈動，卻因這通電話的請託，瞬間優遊在田間原野，感受鄉村的美好氛圍。

這種感覺很奇妙。我想，是「工作」讓我有機會學習成長，在職場中力爭上游，努力衝刺；也是「工作」讓我懂得放鬆心情，享受如放假的悠閒。當你願意把「工作」當成生活的一部分時，工作就不是一份苦差事，而是一種人生過程的美好體驗。

將車停好，毓義已經在門口等我。毓義是我認識將近三十年的高中同學，失聯十三年後再度相逢，而重逢的因緣很奇特，起因於我另外一位高中同學益銘。

幾個月前，益銘傳簡訊給我，問我還有沒有跟毓義聯繫。我說沒有，自從十三年前參加他的結婚喜宴後，就再也沒有聯絡了。因為益銘的提起，讓我想要試著聯絡看看。猶記得高中時期，我與毓義算是非常聊得來的同學，一起談人生大夢，有著共同的成長記憶。

失聯要如何找人呢？在那個還沒有手機的年代，記住同學家的電話號碼，算是很普遍的行為。不知哪裡來的記憶力，對於毓義老家的電話號碼我記憶猶新，我的直覺就是撥打這支已經將近二十年都沒有打過的電話。

我是一個行動力很強的人，對於與人聯繫、互通有無的任務總是搶第一。當我掛下與益銘的電話後，即刻播了這通電話號碼。很幸運的，電話那頭傳來一個慈祥的聲音，是毓義的父親接的。我很快地說明來意，馬上得到王伯父的信任，就把毓義最新的手機號碼給我。

我也馬上在十分鐘內，就把毓義的手機號碼傳給益銘，算是完成同學交付我的尋人任務。

在那當時，我正忙著其他事情，也就沒有立時打電話給毓義。幾天之後，或許是思念的緣故，心中興起想要聯絡的念頭，毓義在電話那頭得知我要去拜訪他，也是非常開心，直說多年不見，早該要見見面、敘敘舊了。

毓義在二十年前，就因為喜歡拈花惹草，立志當一位花藝專家。這十多年來，在自家麻豆種植各種花卉，越種越好，也越種越有心得。也因此，在許多相關的植物花藝雜誌上，都有他的報導與專訪。而我，竟渾然不知。

毓義非常專注在洋桔梗的栽種，他的花卉買賣早已進軍日本，揚名東瀛。他帶我到不同的田裡欣賞各式各樣的花，也順便幫我上了一堂花藝的基礎課程。

我從他的工作中，細細體會職場成功的某些關鍵要素：

第一，毓義把心血與時間花在洋桔梗上，而沒有把資源分散到其他花種，這讓他得以成為國內洋桔梗專家的第一把交椅，讓日本企業客戶排隊搶著買。這種專心致志只做好一件事的態度，讓他得到豐厚的回報。以職場角度來思考，就是要成為某個領域的專家，並且讓大家看見底蘊。

第二，一年當中，毓義只花半年的時間栽種與收成，其餘時間都在休耕。他說，這樣才能養出肥沃的土地，讓洋桔梗長得更美麗。雖然少種一期，少賺一些錢，卻讓自己得到休息，也可以將花顧得更好，反而得到客戶對品質的青睞。套在職場上，就是讓自己的蓄電力更強。我常以跑步當比喻，「**跑得快不如跑得遠，跑得遠不如跑得久**」，就是這個道理。

第三，種花是一件辛苦的事，每天日出而作，日落而息，但他數十年來並沒有放棄自己的興趣。辛苦成功的背後，總有一段不為人知的辛酸。用職場思維來解釋，就是「要在人前顯貴，必定在人後受罪」，成功絕非偶然啊！

後來我問益銘，有沒有與毓義聯繫呢？他說，還沒有。我笑著對他說：「原來老天安排你來問毓義手機，並不是要你聯繫，而是要我尋回這美好的人生記憶。」

毓義知道我在遠東銀行上班，基於信任老同學的緣故，也就在我當時管理的鳳山分行開戶往來，並逐漸將一些理財業務轉到我分行來。讓我深信，理財業務的經營，其實就是人與人關係的深度經營。也因此，當他有任何需要我的協助幫忙時，我也會即刻處理，使命必達。

處理好同學的事務後，我恬適地散步在田間小路，徜徉在秋日斜陽的美景中。這般的心靈風景，正是我對工作樂此不疲的原因吧。

讓你富有的心靈存摺

生活是苦，苦的是想不開，只能當一位俘虜。
生活是樂，樂的是想得開，發心當一位仁者。

助人的循環

有一些當時需要愛心便當的人，
拿了幾次後，就再也沒有來拿。
反而，在一段時日之後，或許手頭較為寬裕，
也會從當初的受贈者變成後來的付出者。

多年前，我接到一通電話，是育正打來的。育正告訴我，他有一位朋友叫唐大可，需要我的幫忙。這個忙很簡單，就是幫忙圓一個夢。

大可是台南知名小店「慕紅豆」的創辦人，「慕紅豆」的每一碗紅豆湯都是柴燒的，與坊間一般用瓦斯煮的紅豆湯，多了一些古早味與親切感。大可的店營運一年之後，他想要憑一己之力，與另一名夥伴騎著特製的三輪車，全省走透透，用他的專長煮紅豆湯給老人與小孩吃，為這個社會做些公益的事。因為需要一些經費與物料的贊助，育正才會請我幫忙，希望我邀請一些客戶或朋友共襄盛舉。

經由育正的引薦，我和大可見面了。聊天中，得知他的確是一位很有愛心的年輕創業家。大可認為，品牌淬鍊不是用金錢堆疊出來的，而是要走入民間，被有緣的客戶肯定。我深受感動，在他出發環島前，找了些朋友略盡綿薄力量。

他的待人接物誠懇，建立了企業永續根本。這幾年，我們保持聯絡，也互通有無。幾個月前，大可請我幫忙一個貸款案件，他要買一間規模較小的房子。「慕紅豆」一開始因為經費不足，店面是跟朋友一起租的，一次三個月，時間一到就又要搬家到下個地方。這種漂泊的日子，一直到生意有點起色時，又去環島送紅豆湯，才租了現在這個地方。要買的這間房屋，可是透過他一碗一碗紅豆湯的販賣才能攢下錢來。

了解擔保品的規格後，我知道我公司無法承做，但我承諾他，會盡力找到同業來幫忙。剛開始詢問同業朋友，都是碰壁，畢竟銀行間授信條件都差不多。就在幾乎要放棄的時候，我打給佾瑤，想說有就好，沒有也罷。

佾瑤是剛進金融業的新手，我們認識不久，業務配合也尚未上手。但她熱情的態度與開朗的心胸，讓我印象深刻。更重要的是，我直覺她人脈延伸的可能性頗大，或許有機會解決這個難題。

與佾瑤的洽談中，她想起另一位同業、也是她朋友劉先生可能有辦法協助。佾瑤很快與劉先生聯繫上，告知這個案子的始末與狀況。劉先生幾經評估後告知，他很樂意試試看。

我開心地告訴大可這個好消息。經過一些時日的努力後，大可興奮地告訴我，案子已經審核通過，也已撥貸完成，屬於他人生的第一張權狀終於到手。我為大可感到高興，也告訴他，這樁美事若沒有佾瑤與劉先生在背後幫忙，是無法成事的。

∞

關於這種「助人循環」的故事，在我的生活中一直上演著。

有一天，因為較晚下班，就在回程的路上先用餐。選了一家常常經過，但從未走進的小店。當我將車停好，走到騎樓時，赫然發現老闆夫婦兩人已開始收拾店鋪，準備打烊。老闆看我一身疲憊，很熱情地招呼我，問我要吃什麼？

我見狀，擔心打擾到他們的休息時間，就點了一份最簡單的餐食。老闆用外省口音告訴我說，別緊張，我們只是收得早，還有時間可以慢慢吃。

店內只有我一個客人，在我用餐位置的牆壁邊，貼了一張公告，寫著：「有善心大德於本店提供愛心便當，每份五十元。若有需要或發心提供者，請洽本店工作同仁。合十感恩。現有份數一百份。」

我好奇地追問老闆，每天來拿便當的人多嗎？若是沒有人捐助怎麼辦？為何要這麼做呢？

這位七十多歲的何姓老闆，在清理完餐台之後，娓娓解答我的疑問。

他說，一年多前，他才接手這家簡餐店，是之前的老闆就開始這麼做了，他只是蕭規曹隨罷了。在他經營的這段時日裡，的確有許多貧戶、街友、臨時失業者來領取便當，他都樂意支助。每日領取的數量約莫在二十個上下。

這些會來領便當的人，一定有他的困難，能夠雪中送炭是一件好事。初期，支助者少，領取者多，他常常是要倒貼的。後來老天慈悲，陸陸續續有人願意發心襄助，也讓他的擔子減輕不少。何老闆用手指著那些小紙條上的名單，告訴我說，你看，這數十人都是我的菩薩，都是捐款者，我很感恩他們。

我問老闆，在這一年多發送愛心便當的過程中，有沒有看見或感受到比較獨特的故事，可以讓我知道的？

讓你富有的心靈存摺

順風、逆風，都不能故步自封。
正向、逆向，都要有人生方向。

老闆說，當然有。有一位年約五十多歲的中年男子，第一次來拿愛心便當的時候，他穿著西裝，全身打理得乾淨整齊，並非我們一般看見比較困苦、比較邋遢的模樣。他猜想，這個中年男子是白領階級，或許短暫失業，或許一時失意。但他從來不過問領取人的背景和狀況。

老闆說，會來拿愛心便當的人，一定有不為人知的辛酸與難處。他相信，每一位來領取的人，一定是經過掙扎，走頭無路後，才不得不彎下腰來取，因為每個人都有尊嚴與面子要顧。

有一些當時需要愛心便當的人，拿了幾次後，就再也沒有來拿。反而，在一段時日之後，或許手頭較為寬裕，也會從當初的受贈者變成後來的付出者。這些情形，都讓他非常感恩。

聽完老闆的描述後，我深受感動，也發願贊助。我走到隔壁的便利商店，領了一筆錢，交付給老闆娘，開心地成為這家小店愛心便當的提供者。

「施比受更有福」，不只是一句口號，而是一種生命的價值觀。對於這種能夠「助人」的故事，希望在我人生的旅途中持續上演。

Part 4

信念，
讓自己美好

人生不是得到就是學到。
「幸與不幸」都是一種功課，
沒有好壞之分，
用心做，就會有收穫。

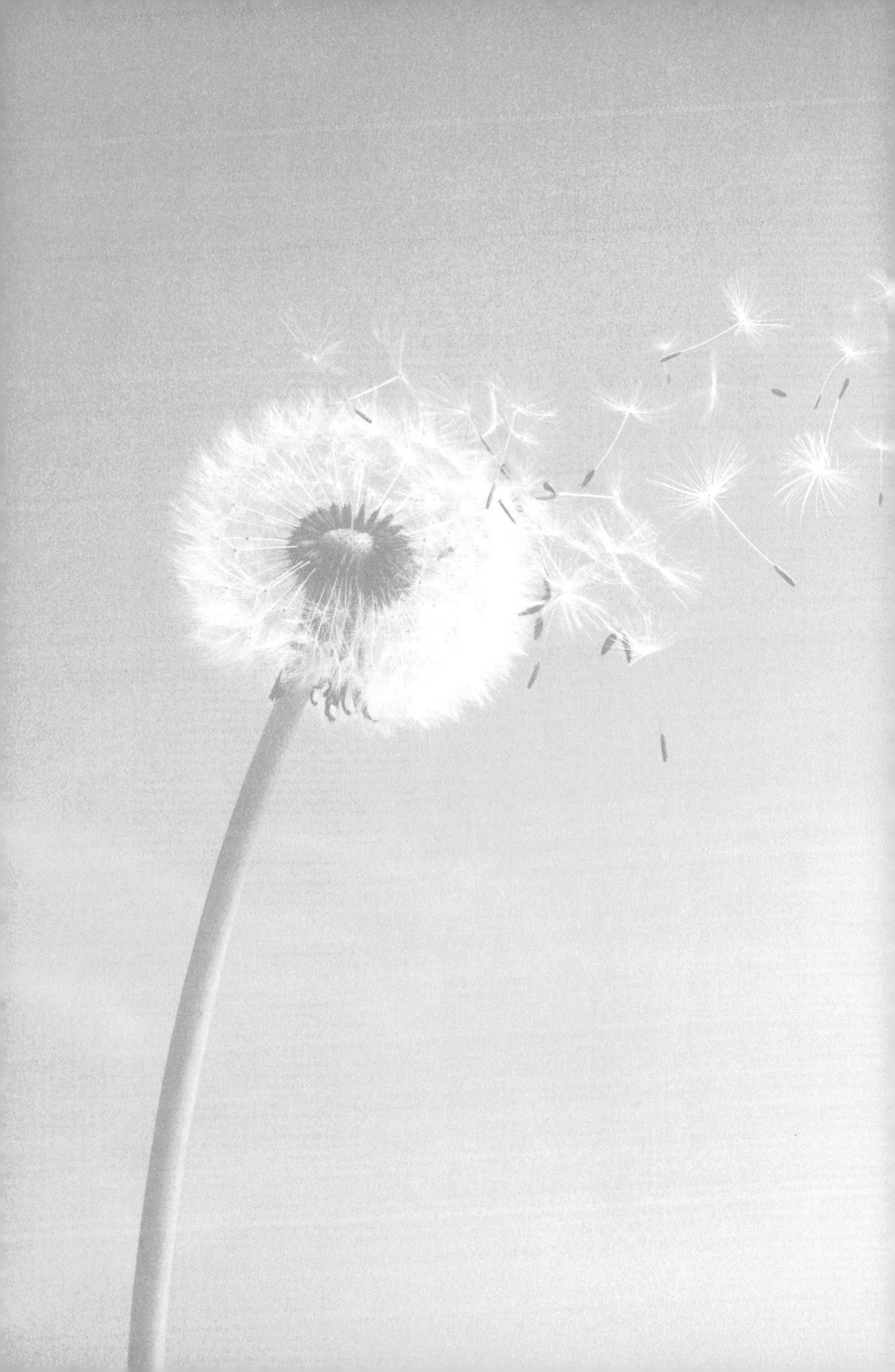

為自己找好運

每當遠遠地看見高鐵列車從我面前奔馳而過，
那一道光，都會讓我特別開心。
看見高鐵就能帶來好運的說法，或許過於牽強；
重點是，一定要有行動，才有發生好運的機會。

約莫晚上七點鐘，下了班，開著車，我看見一道流星，從我的面前由左至右劃過。我握拳喊：「Yes!」興奮地告訴自己，又有好運要發生了，然後微笑著繼續開車，結束在五分鐘後即可抵達家門的旅程。有時，流星也會由右往左閃過。不論哪種方向，我都視為「幸運」。

流星，是幸運的象徵。「許個願吧」，是多數人在夜空中看見流星的第一個反應，我也不例外。但在生活中，我遇見流星的機會比別人多很多。哈哈！一頭霧水吧？我所看見的「流星」的驚鴻一瞥，其實是「高鐵」的呼嘯而過。

每天的上下班途中，我都會穿越高鐵高架軌道下方的道路。每當遠遠地看見高鐵列車從我面前奔馳而過，那一道光，都會讓我特別開心。我把這件事情，定義成「幸運」的降臨。

想一想，這是多麼剛好的事啊！開車經過高鐵軌道下方的時間，僅需短短數十秒，而我卻能在這短暫的時光中，與高鐵列車擦身而過，這種機率極低，也因此，我認為是「好運氣」的降臨。別懷疑，我的好運人生，就是這樣一點一滴累積出來的。

所以囉，我是一個樂觀主義者，你總該相信了吧！然而這不是天生的，卻是後天養成的。

再與你分享另一件讓我視為「幸運」的例子。當我開著車，停車等待紅綠燈時，我都會特別注意前方那輛車子的車牌號碼。有一陣子，我常常看見「XXXX-NP」的車牌，我的聯想力挺豐富的，會把NP看成「No Problem」的縮寫，然後在心裡直呼「太Lucky了」，我又為自己找到一個好運的象徵。

就是這樣的思維，引領我的人生越走越順。一件發生在別人身上可能視為倒楣、很背的事，我都覺得再怎麼不順，一定可以找到方法，衝破難關，迎刃而解。「積極」、「正面」、「陽光」、「樂天」、「熱情」套在我身上，我都超喜歡的。

書上說，一位聽眾問卡內基大師黑幼龍老師一個問題：「如果人生處於低潮時，該用什麼方式，讓自己儘快走出來呢？」黑幼龍想了一下，回答說：「第一，要有信仰。有了信仰，就會有寄託，有了寄託，就會有希望，有了希望，就會有明天。而信仰，不限宗教皆可。第二，人在谷底時，一定要察覺自己的優點與長處，透過相信自己的力量，很快就能破局而出，找到曙光。」

二〇〇七年出版的《秘密》（*The Secret*）這本書，也讓我篤信「相信就會得到」的道理，但前提是，一定要用在對的事情上，方可成立。比如說，業務員很努力衝業績，只要循規蹈矩，用對方法，不投機取巧，最後業績一定會源源不絕。多年來，這種事情在我身上頻頻發生，屢試不爽。

看見高鐵，看見ＮＰ，就能帶來好運的說法，或許過於牽強；重點是，一定要有行動，才有發生好運的機會。我只是把高鐵與ＮＰ的發生，視為快要有好運的徵兆，我也還是要具備行動的力量。

為自己找好運，一點也不難。生活當中，多種善因，多起善念，多幫助別人，幸運一定離你不遠。

讓你富有的心靈存摺

相信我，意念會改變命運，但前提是，發正念才有效。

相信我，轉念會帶來好運，但前提是，全放下才有用。

C型人生的善緣好運

人們不再尋著既定的生活次序，
而是將生命視為「C型」，不論事業、婚姻、興趣或學業，
都可能在人生的不同階段，重新開始。

某日，上班的午餐時刻，手機傳來一則簡訊：「你們銀行的房貸利率幾趴？我有一位同事要介紹給你。」傳這則訊息的人，是我的好朋友聿玲。

為了想要即時了解聿玲同事的背景概況，也要知道這個案件是「買賣件」還是「轉貸件」，以便回報較精準的利率，顧不得嘴裡還在咀嚼飯菜，我隨即打電話給她，問得更清楚些。

認識我的人都知道，在溝通次序上，若是彼此距離很近，可以當面用「說」的，我盡量不用電話「講」的；若是距離較遠，可以用電話「講」的，我盡量不用簡訊「寫」的。我總認為，面對面是最好的溝通方式。再者，聲音的傳

達，也較聽得出對方的感受，讓溝通更無距離。純粹聊天或打屁時（不想浪費電話費），才會用文字去交流自己的想法。

經過電話了解，聿玲告訴我，她會盡快請她同事與我聯繫，而她也希望我能幫她同事辦理這筆業務，讓彼此都任務圓滿，皆大歡喜。

這通與聿玲好久不見的業務電話，勾起我認識聿玲的陳年往事。

約莫十五年前，當時我任職荷蘭銀行高雄分行，負責理財業務。那個年代，若是有能力進外商銀行做業務，業績也做得不差的話，身價（含金量）就會慢慢提升，自然就會吸引獵人頭公司的覬覦，進而與你認識熟悉，成為他們潛在推薦給客戶的名單之一。雖然當時一些人力銀行已經成立，但許多白領階級都知道，經由獵人頭公司介紹的工作待遇與條件，都會優於自己個別的尋找。

聿玲當時就是任職獵人頭公司的主管。也是同事的介紹，我才認識她。在我們第一次短暫且客套的交談當中，我對她其實沒有什麼印象，反而是爾後她逢年過節都會寄卡片給我，讓我感到溫馨無比，從此印象深刻。

聿玲從她工作上進而交到好朋友的方法，是溫暖有用且值得學習的。她告訴我說，她對我印象頗佳，總覺得除了業務往來外，我是一位值得她進一步認識的朋友。但基於工作忙碌，距離稍遠，無法有較密切的往來，若能透過卡片的祝福與問候，對於延續友誼的關係就很有幫助。

原來，我與她至今能保持聯絡的關鍵原因，就是靠著這張薄薄的賀卡。而這薄薄的卡片，卻蘊含厚厚的緣分，至今歷久彌新。

我離開荷銀後，到了富邦，乃至後來跟隨老闆到京城任職，我與聿玲的聯繫都是非常淺層的。直到有一天，聿玲打電話告訴我，她離開獵人頭公司，到台南某一家傳產公司上班時，我們才有機會進一步互動與交流。

還記得她剛到台南上班，我去拜訪她時，她的辦公室就在安平運河旁的大樓裡。整片的落地窗，裝潢典雅脫俗，時而看著窗邊有小船划過運河。我與她兩人，就一同眺望河岸，邊喝咖啡邊聊人生，愜意無比。

我好奇地問她，是如何應徵上這家知名企業董事長特助的位置？她笑笑地回我說，這份工作不是她去爭取來的，而是她嫁到高雄後，所做的第一份工作的老闆，在她轉職到獵人頭公司待了十三年之後，再度把她請回公司幫忙的。她是基於報恩的心情，感念前老闆的器重而回鍋的。

聽她這麼一說，我更可確信，當年她非常用心服務客戶的成果，已經發酵轉換成對她人緣與口碑的肯定。她的老闆才能純然用朋友的角度來挖角，請她過來助陣。

離開她辦公室前，聿玲送我一本當時很暢銷的《C型人生》好書。她告訴我，當她閱讀這本書時，就打定想要送我的念頭，她覺得作者在書中提出的內容與見解，與我的生活理念相當契合。

她補充說：「人與人之間的情誼，即便是最親近的人，其關係都不會像線性發展一樣不斷加溫。人際關係其實也像迴圈一樣，有時親近，有時疏遠。我們與朋友，可能是因為工作的緣故交流，也有可能是志趣相投，價值觀相符而保有聯絡。在不同階段的我們，對於友誼的詮釋，還有友誼對我們人生所彰顯的意義，也都不同。」

所謂「C型人生」，意思就是，人們不再尋著既定的生活次序，過著從出生、受教育、工作、結婚、生子、退休、死亡的「線性」生活模式，而是將生命視為「C型」（Cycle，週期），不論事業、婚姻、興趣或學業，都可能在人生的不同階段，重新開始。比如說，四十五歲可以去讀書拿學位，五十歲可以去參加一場馬拉松，七十歲也可以去學一樣樂器。

我猜想，聿玲想要送我這本書的原因，是她相信，我是一位具有「熱情」與「夢想」的朋友。

友誼相伴，伴隨幸福。正如同《C型人生》這本書的意義所言，工作不再只是一件苦差事，而是一種有趣的創新遊戲。就是因為相信生命將能帶來更豐富精彩的生活，也就會珍惜工作上的善緣好運，進而才能認識「友直，友諒，友多聞」的朋友。

一則簡訊，回憶起一樁美麗往事，值矣。

讓你富有的心靈存摺

年少時，不知天高地厚，放大自己。
年長時，稍懂人情世故，收斂自己。
年老時，清楚滄海一粟，沒有自己。

那些心靈導師教我的事

他很感謝當初把他一腳踢開的銀行主管，
「人生的幸與不幸」都是一種功課，
沒有好壞之分，用心做，就會有收穫。

我很愛交朋友，有一位張大哥比我更愛交朋友，因此，我們成為朋友。

張大哥足足大我將近二十歲，他曾經跟我說：「你的人生閱歷，因為人格特質與工作性質的緣故，多於同年齡的人許多，和你暢談人生是一件非常愉快的事。」我說：「我喜歡向長輩請益，因為薑是老的辣。而我也相信，每個人都只是生命過客，只要在人生旅途中多一些發現與驚喜，都能讓自己學到慈悲與智慧。」

我們認識在多年前初秋的夜晚。那一晚，彼此喝著咖啡，聊了一個多小時的人生。我們發現彼此有好多共同的特質，包括：愛講話，學生時代不太會念書，都在銀行上班（他目前已離開金融圈，成為一家跨國公司的大老闆），喜歡探究生命的真諦，最重要的是，都喜歡把「快樂」掛在嘴邊，分享生活的點滴與樂趣。

我們不常見面，一見面總有聊不完的生命體驗。張大哥經常往返兩岸，彼此靠著 Email 和通訊軟體互通有無。他最常對我做的事，就是在我寫的文章 mail 給他時，幾乎都會在一天內回信給我，告訴我，關於他看完後的人生看法與經驗。每次的回饋，總能讓我從中得到力量與感動。

我把這種關係界定為「那些心靈導師教我的事」，樂此不疲。

日前，我們再度碰面，又是一番暢所欲言。我們真的有聊不完的話題，談的幾乎都是如何製造快樂，與人為善，讓人生過得更美好的大小事。

那一次，張大哥與我分享了一個故事：

他有一位台商朋友，在大陸事業有成，底下有六大事業群，連鎖餐廳是其中一環。由於法令緣故，公司登記的負責人掛在一位大陸人身上，但這位台商才是實際的出資者。因為餐廳經營得非常出色，加上品牌行銷得宜，很快就展店迅速，在大陸成為餐飲業的一方霸主。幾年後，這位掛名的大陸人卻窩裡反，用了詭計篡奪他的餐飲事業，讓他損失六百萬人民幣。

最後，雖然靠著公權力的介入，確定可以幫他要回這家餐廳的經營權，他卻說：「不需要了。」

這次事件後，這位董事長體認並發現，很多事業的交涉與合作，都應該要注意嚴謹度與適法性。所以，他召集另外五大事業群的總經理研商開會，配合律師的建議，竟然發現還有高達兩百多項，可能會對他的公司產生風險的可能損失，而他竟渾然不覺。也因此，之前發生的壞事，他反而是感謝的。他說：「一堂『六百萬』的課，可以換來減少上億元的損失，這絕對是一筆成功的交易啊。」

這個故事，讓我想起已故的蘋果電腦總裁賈伯斯說過的一句話：「你無法預先把點點滴滴串連起來；只有在未來回顧時，你才會明白，那些點點滴滴是如何串在一起的。」當下的我，了解張大哥告訴我的故事意義，而賈伯斯的話，讓我更加豁然開朗。

張大哥曾經待過銀行業，有約莫七年多的銀行員生涯，他自認表現中規中矩，但或許就是不得主管緣，在企業必須撙節成本、刪減人力時，他的名字竟然出現在裁員的名單裡。

在離開銀行的往後歲月，張大哥並沒有因此而自暴自棄，反而運用自身的優勢與人脈，在對岸開疆闢土，創立屬於自己的一片事業。他說，他很感謝當初把他一腳踢開的銀行主管，才讓他有這個機會開創一番事業。

在描述箇中心情時，他是這樣告訴我的：「剛開始的前兩年，我走不出來，腦海想的都是『為何是我』；而現在的我，不僅走出一條人生大道，還常問自己『為何不是我』。」

從張大哥的身上，還有他分享朋友的故事裡，我更加確信，「人生的幸與不幸」都是一種功課，沒有好壞之分，用心做，就會有收穫。

英國科學家法拉第（Michael Faraday）曾說：「人生有苦難，有重擔；人性有邪惡，有欺凌，但是到後來，這些都對我有益處。苦難竟是化了妝的祝福，人生在一連串不完美中，最後總是完美。」

在與張大哥揮手道別時，我心中想起了這一段話，咀嚼「人生不是得到就是學到」的道理。也自我勉勵，讓自己的人生過得璀璨美麗。

讓你富有的心靈存摺

在每一個傷害背後，都有一個領悟，那是人生禮物。

在每一個領悟背後，都有一個傷害，那是人生百態。

我願意為孩子演講

英國有一份研究報告指出，受過理財教育的兒童，
到三十五歲累積的家庭財富，
要比普通人多出新台幣一百七十三萬。
學校的理財講座，是我一個人的環法賽……

「我有個朋友吳家德，在銀行擔任分行經理，最近在他的臉書上，時常看到他到各級學校去跟孩子們談理財。雖然我沒有當面問過他，為什麼要這樣做，難道在銀行當分行經理還不夠忙嗎？就算要培養客戶，也輪不到那麼小的孩子們。但我覺得可以理解，他正在騎他自己的環法單車賽。……」

這是好友褚士瑩發表在網路上的文章，看過這篇文章的網友超過萬人。

這篇文章，其實並不是談論我到學校演講理財的過程，而是藉由一部電影「Tour de Force」（台灣翻譯為「騎動人生」）的故事，傳達褚士瑩每年在台灣演講一百場，用面對面溝通的過程，去建立和讀者關係的心情寫照。

士瑩的文章結尾很經典，他說：「與其當一個使用禁藥而年年得到環法賽冠

軍的專業車手，我想，我更適合參加這只有一個人的自創環法賽。雖然沒有掌聲，騎庇里牛斯山的『死亡之路』只能靠自己，沒有人能推上一把，但是我一點都不孤單。或許有一天，我們會在彎道相逢。」就是這段文字，讓我讀來心有戚戚焉。

我的確也在騎一個人的環法賽。

回想大學聯考時，我填的前三十五個志願都是師範學院，可惜都沒上，最後念了商學院。雖然無法成為學校正規班的老師，但我自認，我比學校的老師還要老師。因為，我對學生有一份關懷，對教育有一份使命，對國家未來有一份期許。

約莫在八年前，我接受公司的提名，參加金管會銀行局主辦的甄選，經過課程訓練與檢定後，正式成為「走入校園理財教育」的合格講師，讓我每年有機會到各級學校演講一、二十場。我抓住這個可以為學生付出的機會，就算工作再忙再累，都要走入校園，貢獻一己之力。也算是彌補無法當上小學老師的遺憾吧。

學校的理財講座，是沒有講師費的，只有距離的奔波與工作上額外的投入。但我卻樂在其中。經過這幾年的巡迴演講，以每場平均約一百人計算，至今也有萬餘學生受惠了。

在這百餘場的理財講座中，我特別熱衷偏鄉的學校，因為我相信，到一個資源貧瘠、物質生活不高的校園裡，除了給他們正確的理財觀念外，又可以對他們分享人生的美好價值，是更有意義的。

細數這些年，我跑了三次金門，宜蘭、花蓮、台東、南投的部落中小學去了數十次。雖然或開車或坐車，都需要好幾個小時的長途跋涉，但只要看到學生因為學習上帶來的燦爛笑容，我都會覺得值得，也欣慰無比。

理財教育是一項基礎工程，需要從小扎根，培養正確的金錢觀。英國有一份研究報告指出，受過理財教育的兒童，到三十五歲累積的家庭財富，要比普通人多出新台幣一百七十三萬。所以，如果不希望孩子變成理財白痴，記得從小給他釣竿，讓他一輩子都能自己釣魚。

對這群中小學的孩子，我不講艱深的理論，而是傳遞三個簡單的理財觀念。第一，就是「儲蓄」。我告訴他們，「大富由天，小富由儉」，從小一定要

讓你富有的心靈存摺

世界不會為你改變些什麼；
你卻可以改變世界些什麼。

懂得存錢，才能掙得自己人生的第一桶金。

第二，就是「記帳」。記帳可以知道錢花到哪裡，以便改善自己的消費習慣，進而檢討花費是否得當，來達成存款的目標。我給他們的理財公式是，收入減儲蓄等於支出，而非收入減支出等於儲蓄。

第三，就是「感恩」。我會問台下的小朋友，知不知道自己父母親的生日，我希望他們都能知道並且記住。倒不是生日的那一天，要買什麼貴重的禮物或蛋糕給爸媽，而是要有孝順感恩的心態，知道自己能有快樂幸福的日子可過，這些經濟上的支助，都是因為父母親無私的奉獻。

演講是一種分享，分享是一種愛。期待自己在這條道路上，永遠熱情地「騎」下去。

想贏從書開始

很多朋友常常問我，如何才能保持正向思考，有樂觀進取的心態？我的回答是：多從事業務的工作，多從挫折中學習成長，多看勵志與自己工作相關的書籍。

我不喜歡會計學這玩意兒，在大一時，或許就是少根筋，對「會計」除了不喜歡，也有些抗拒，心中認為，分數只要低空飛過即可。可是愈害怕，愈會遭殃，學期末，我的會計分數是五十八分。天呀！這是我大學四年唯一被當的科目，我難過了好幾天。後來轉個念頭，心想以後不要從事與會計相關的工作就好了，在未來的職場上，應該也用不到會計。

不曉得你是否同意這麼一句話：「時間使人遺忘，環境讓人改變，天底下沒有什麼事情是不可能的。」當我成為社會新鮮人，我的第一份工作，竟然就是財務會計的專業領域。

我在大三放棄選修的科目「中級會計學」，多年後，竟是自己心甘情願跑到書局把書買回來，邊研讀邊詢問，透過理論與實務的結合，慢慢了解會計的奧妙，也開始喜歡會計。在工作上的表現，也因為自己專業的提升而受到主管的認同，在機會來臨時，不僅升官還加薪呢！

經過這一次事件，我的感想是：面對工作上不斷出現的新挑戰和新問題，就需要透過不斷地學習來充實自己的職能，而閱讀，就是最好的方法。

揮別傳產，踏進金融業後，對於讀書的迫切性更是渴切。打從我在銀行擔任業務員的第一天起，我清楚明白，我的天職是「達成公司的業績目標，並且超越它」。從那時候開始，我喜歡看有關銷售的書籍，更喜歡了解頂尖的業務高手如何成功、如何自我超越。

很多朋友常常問我，如何才能保持正向思考，有樂觀進取的心態？我的回答是：多從事業務的工作，多從挫折中學習成長，多看勵志與自己工作相關的書籍。我堅信，熱情的態度是業務的根本，而閱讀的行為能夠創造熱情的靈魂。

許多人一生當中所閱讀的書，多多少少有幾本是自己覺得最受用，或者對自己影響最大的，我也不例外。在工作領域上，影響我最深的一本書叫做《突破你的極限》，由德國管理培訓大師尤爾根．許勒（Jurgen Holler）所著。書中闡述一個觀念，無論外界條件如何惡劣，每個人皆可突破現狀，「贏」向未來。

多年前閱讀這本書時，對於目標的設定與管理有了更深的了解，不論是從事銷售工作，還是擔任主管帶著部屬衝鋒陷陣，這本書總帶著我過關斬將，給我莫大的鼓舞和助益。尤爾根說：「你今天的夢想，會成為明天的現實。」這句話深植我心中，也幫我實現了不少夢想。「一本好書，可以引導我們對生命的價值有一個正確的體認」，這本書完全印證。

當代文豪余秋雨曾說：「閱讀是一個人由平庸『拔』出來的重要途徑，是把人類已有的思維精華，吸收到自己身上來的方法。閱讀可以剝除你的障礙，使你的心胸變得開闊。」

我認為，閱讀也是一種生活品味的象徵。想像一下，在假日的午後，來杯卡布奇諾，挑選一本自己喜愛的書來讀，溫柔的燈光加上輕揚的音樂，雙眼專注於字裡行間，用心體會作者的意念表達，轉化文字為經驗與智慧的結晶，享受一段美好的沉思。哇，是不是極佳的享受呢？難怪尼采說：「讀書給我更多的憩息，引導我散步在別人的知識與靈魂中。」

讓你富有的心靈存摺
如果我能從書上找到人生解答，
前提是我願意積極的面對問題。

過去幾年來，我的經驗告訴我，當自己遇上麻煩事或情緒低潮時，翻開書本，總能找到好的答案或出口。因此，我相信「書」是人與神對話的媒介。書店或圖書館，也成為我的秘密花園了。

從喜歡看書，到喜歡買書，由於有記帳的習慣，我算了一下，每年我花在買書的金額約二萬五千元，以每本書價格二百五十元計算，約略買了一百本。再從另一個數據推估，我平均不到四天就買一本書。

聰明的你，會覺得浪費嗎？我認為一點也不會，甚至覺得太划算了，用小錢可以買到一百位作者的智慧結晶。王安石說：「貧者因書而富，富者因書而貴。」我充分享受讀書所帶來的富貴效應。

徐志摩曾說：「劍橋讓我認識自己。」我會這麼說：「閱讀讓我更認識自己。」想贏的方法有很多種，從「書」開始，應該是不錯的選擇！

我的光陰地圖

「光陰」是時間，「地圖」是空間，
「光陰地圖」就是時間與空間的結合，
也就是每天都要寫下心情日記（光陰），
拍一張與文字有感的相片（地圖），記錄自己的人生。

認識江巧文這個朋友，絕對是我人生旅程的「重大」事件。這個重大事件，是她促使我連續寫完一年的「光陰地圖」，至今還樂此不疲地持續中。若要更認真感謝的話，是她讓我有勇氣往作家這條路邁進。

什麼是「光陰地圖」呢？

「光陰」是時間，「地圖」是空間，「光陰地圖」就是時間與空間的結合，也就是每天都要寫下心情日記（光陰），拍一張與文字有感的相片（地圖），上傳到部落格，藉以記錄自己的人生。這是巧文首創的部落格遊戲。

先說說我所認識的巧文，她的筆名又叫海豚飛。認識她，起因於她太有料的部落格，發現她非常有趣、有才華（琴棋書畫樣樣精通）。我也喜歡看她的臉書發文，往往觀點獨到。我就在她的留言版也發表我的看法，常常是你來我往，唇槍舌戰，建立起網路世界的聊天互動。

有一次，因為要到台北開會，我向她提議到她板橋家坐坐，她竟也答應，歡迎我這位遠道而來的陌生好友。若沒記錯，她應該是我使用臉書以來，第一位從虛擬世界走向現實生活的好朋友。

海豚飛的真性情無人能敵，若你常常上臉書看她發布的SNG消息，你會覺得她幾乎把她自己赤裸裸地告訴你，她在幹啥。喝茶、發呆、做夢是她的分享主軸，她也常常無厘頭的，天外飛來一句比聖經還聖經的豚語錄。再也沒有人比她更樂於分享，樂於回饋，也因此她人緣極佳。

「玩」猶如她身上的心臟，沒得玩，等同她的心臟停止跳動，簡直會要她的命。她對生活的玩樂主義，絕對是我們羨慕的。美食、旅行、音樂、寫作和閱讀，都是她生活中不可或缺的。你可能會懷疑，她不用工作嗎？是的，她靠吃喝玩樂就可以賺錢，生活就是工作，工作就是生活。這種人不是天之驕子，她是靠著「用心」生活掙來的。

不論何時何地，她都可以轉換角色，恰如其分，生活能被她玩得如此淋漓盡致，只有巧文一人！但偏偏她也有怪癖，不喜歡外界冠上什麼達人之類的，因為她只想做自己。有句話是這麼說的：「人一出生本來都是原創，但長大後，漸漸的很多人都會成為盜版。」我只能說，這種事情在海豚身上絕對看不見。

約莫六年前，有一次她在臉書上說：「當機會來到時，你準備好了沒？別老是鬼叫人家不給你機會，偏偏機會上門時你卻扛不起，這就怨不得人了。」

我白目回她說：快給我機會，我準備好了，快！

她竟然說：嗯！寫一年的光陰地圖……

我回說：好，我的部落格已經塵封近四個月沒動靜，機會來了，我將再次啟動它。感謝海豚，讓我飛得更高，看得更遠。

於是，我便在留言版留下這段文字，向我的臉書朋友昭告，我的「光陰地圖」開張了：「每天我要寫一篇文章，照一張相，對自己的人生交代，養成這個習慣。我將用更輕鬆自在的心情看這個世界，很多人、許多事，或許微不足道，也將納入我的筆下，親情、友情、工作、人生、吃喝玩樂，都將一一呈現。三百六十五天，也就是三百六十五篇，每天始於足下。或許這是艱辛的，但絕對會是甜美的。」

之後，我每天不間斷地書寫人生，至今快要七年了。回首第一年的光陰地圖，我可以清清楚楚看見自己的每一天，是否過得踏實。也的確留下一些美好的照片與回憶，都是讓我非常感動的事情。

透過書寫療癒，自己才是最大的受益者。那些艱困與挫折，都化成美麗的文字與圖像記憶，永留心中。所以，我真心感謝巧文，讓我成就一樁美事。

剛寫的第一年，我有幾次幾乎要放棄書寫的念頭。原因不外乎：太忙了，太累了，太懶了，身體不舒服，沒有靈感等藉口。我最大的壓力，就是每晚十二點之前，一定要完成部落格PO文。有時縱使很晚回家，即使身體疲憊不堪，我都要打起精神，完成書寫的工作。雖然巧文告訴我，可以隔天再補，我都不願意。若是等到明天寫，就一定會拖到後天，依人的惰性，到最後必定功虧一簣。

這幾年，慢慢地將光陰地圖移到臉書上，我還是不停地寫，不停地讓自己的生活有趣多元。因為天天PO文，讓好多認識或不認識的朋友加我為友，或追蹤我的動態，閱讀我的文章，這都是始料未及的結果。

「用心發現，潛能無限」，是我激勵自己、鼓勵朋友的一句話。它不只是一句廣告詞，更是實踐人生理想的佳句。「用心」地看世界，不僅幫助自己發現美好的生命風景，再透過自己的努力實踐，不知不覺中，「潛能」也就被開發出來了。

透過文字，溫暖別人；經由故事，打動人心。這是我書寫「光陰地圖」所帶來的人生意義。

讓你富有的心靈存摺

專注在你已經擁有的，放鬆在你無法得到的。

在鬆緊之間找到平衡，你的心境才能做自己。

行動是創業家的唯一解藥

「說走就走，不斷出發」的因子，流竄在他們的血液中。
他們不僅有 Action，還有 Action Plan，
懂得修正營運的軌道，帶領員工往正確的方向航行。

一通越洋電話，將我的思緒拉回七年前的回憶。

當手機響起，來電顯示一長串數字時，我第一時間以為是詐騙集團，猶豫了三秒鐘，才決定接起。

「喂，是家德嗎？近來過得如何？」對方用親切似老朋友的口吻問我。

「嗯，還可以啦！」在還沒有搞懂對方是誰之前，我先避重就輕帶過。「不好意思，請問您是？……」我還是單刀直入地問他是誰。

「我是你的遠方朋友啊！你真的忘了嗎？」他笑著回我，就是不說他是誰。

在一陣對談之後，我的聽覺終究甦醒。打電話給我的是柯大哥，一位事業有

成、家庭美滿的創業家。

七年前，在我剛開始擔任分行經理的時候，透過朋友的介紹，認識了柯大哥夫婦。當時，柯大哥是多家銀行急欲拉攏的貴賓客戶。他為人處事風趣幽默，企業經營洞燭先瞻，是一位懂得品味生活的企業家。

在那一段爭取銀行業務往來機會的時光裡，我們建立起相當好的情誼與默契。後來，雖然沒有獲得他們公司的企業融資案件，但卻無損我們的友誼，反而這種純然的朋友關係，讓彼此更加珍惜。

我相信也就是這種緣分，才得以在六年後，讓遠在加拿大的他，打了這通國際電話給我，除了問候，還有一事請託。

因為小孩的教育問題，柯大哥在六年前舉家移民溫哥華。這段時間，我偶爾會想起他們，但終究只是放在心上，並沒有寫 Email 或其他聯繫。

原來，柯大哥夫婦取得了北美一家頂級橄欖油製造商的在台銷售權，準備回台灣展店。因為已離開台灣六年多，希望借重我的人脈與建議，讓他們在台灣的新事業能夠較為順利。

我問說，我們已經多年不見，為何還會想要找我聊一聊？他們說，因為我熱情付出、樂於助人的特質，一直深植在他們的腦海裡。

就在通完電話的二週後，柯大嫂專程飛回台灣，除了與我見面外，也開始布建屬於食安範疇的油醋事業。

我們約在一家餐廳吃飯，我仔細聆聽他們夫婦倆放棄原先已經安穩的退休生活，卻要回台創建從零開始的事業新版圖。

柯大嫂告訴我，投入這份事業，只有兩個初衷。第一，多年來，他們雖然住在加拿大，仍長期關注台灣的政經發展，當她看見近幾年黑心油品充斥整個社會，造成民眾身體的傷害，便希望把全世界數一數二的好油帶回台灣，造福這片土地的人民。第二，當初移民主要是小孩的就學問題，如今孩子都已接近成年，他們想要回到故鄉，貢獻一己之力。

柯大嫂說了一個故事，讓我極為感動，相信這也是他們想要回台二度創業的關鍵要素之一。

這家全球知名橄欖油商，在美國已是三代的百年老店，目前北美經銷店家約有七百五十家，但是，亞洲區的國家卻是一家分店都沒有。原來這位義裔的美國人老闆，極度不相信亞洲人的食安品質，很擔心百年品牌被人搞砸了。縱使有很多人去遊說，他都不為所動。

也因此，當柯大哥寫了幾封有意願合作的信給這家公司時，也都是音訊全無。這時，他們夫婦倆終究不放棄，直接衝到位於舊金山的總公司，期待能與老闆親自對話。終於，他們與老闆碰到面，報告了他們的營運之道。

柯大嫂果真有備而來，除了鉅細靡遺地解釋台灣人的消費習慣外，更提出精準的行銷策略，讓這位老闆感到驚喜而答應他們的合作方案。

柯大嫂告訴我，當她拿到經銷合約書時，一則以喜，一則以憂。喜的是，他們鍥而不捨，用最大的誠意與耐性讓老外點頭；憂的是，他們思忖半晌，真的要結束好端端的退休生活，回台灣重新開始嗎？

我想，他們的回台，就是一種創業家精神的展現。這十多年來，因為工作的關係，讓我每天接觸許多大小企業主，也歸納出三種在創業家身上所看見的特質：

第一，**學習力**。他們都有一股堅毅的學習精神與態度。有一則格言這麼說：「此刻打盹，你將做夢；而此刻學習，你將圓夢。」透過不斷吸收新知，轉化

讓你富有的心靈存摺
「行動」是贏家的唯一解藥，
「開始」是行動的唯一解答。

成創新的能力，才得以讓企業永續成長。

第二，**行動力**。「說走就走，不斷出發」的因子，流竄在他們的血液中。他們不僅有 Action，還有 Action Plan。懂得修正營運的軌道，讓他們猶如汪洋中的船長，帶領員工往正確的方向航行。「行動」是贏家的唯一解藥，「開始」是行動的唯一解答。

第三，**人脈力**。先有好人緣，再有好人脈。人脈不是以想做生意出發，而是以幫助別人為本。創業家除了將人脈用在公司的經營與治理，更延伸到社會責任的公益平台。他們永遠懂得先付出才會有收穫的真理。

有一種精神叫堅持，讓他們拿到經銷權；有一種夢想叫大愛，讓他們回台從食安出發；有一種情感叫思念，讓我們久別又重逢。

謝謝柯大哥夫婦的那通電話，這都是人生的種種美好啊！

隱形照護的抉擇

能夠灑脫地離開職場，沒有後顧之憂，
主要是因為他過往很努力地工作，
懂得理財規劃所致。儘早為自己的退休規劃做準備，
是一件多麼重要也緊迫的事。

小明到嘉義出差，順道來找我吃午飯。我們認識許久，友誼如酒，越陳越香。飯後，我帶他到公司附近的洪雅書店走走。很難得的，他說他喜歡這兒。在我印象中，他是不愛看書的，總叫我講給他聽。

我們聚在一起，都喜歡鬼扯亂編，笑話連篇。這般互相調侃的劇碼已經演了數十年，不僅不會老掉牙，還樂此不疲。

一陣歡笑過後，他突然告訴我，這次應是最後一次來嘉義出差，他即將要暫離職場，或者也有永久退休的打算。我一驚，眼前這位官拜金融圈執行副總、年紀尚未滿五十歲的專業經理人，就這麼說離職就離職了嗎？

我急問為何？還半開玩笑地回他，難不成獵人頭公司把你獵走，準備要當總

經理。

他笑笑說，現在的生活他很滿意，但礙於母親失智的緣故，不得不然。

當他說出「母親」二字時，我就有譜了。小明事親至孝，近年來，他母親失智狀況的確越來越嚴重，讓他陷入長思，考慮在親情與工作之間二擇一。小明是一位職場勝利組，留美（財務、資管雙碩士），擁有ＣＦＡ證照。更重要的是，他專業與幽默並存的人格特質，讓他深受歡迎，身價不斐。

他所做的兩難抉擇，讓我想起二〇一四年《商業週刊》第一四〇五期的封面故事。那一期的標題是「隱形照護：二百二十萬人離職風暴」，文內引用《日經Business》讀者大調查，寫著：「在日本，有一千三百萬人白天工作，晚上看護長輩；在美國，十五%的上班族必須照顧失智症老人；在台灣，近六成五企業有員工曾因照護而離職。」

「隱形照護」這名詞，是形容白天上班，晚上照顧父母，而公司皆一無所悉。根據《日經》的調查，日本這一千三百萬人中，有高達五九%是企業主管。也因此，《日經》看見這個危機，就在副標題寫著：「當王牌社員忽然消失不見」。

而台灣多數企業，對於「照護離職」明顯戒心不足。根據調查，台灣人認為照顧父母天經地義，幾乎都不會在工作場合提出來討論，怕老闆知道後，會認為未來工作不力。企業也不願在此議題上多關照員工，認為此事由員工自行處理即可。但，等到父母身體變得每下愈況時，要挽留員工繼續上班，可能都來不及了。

《商業週刊》估算，在台灣，正面臨失能長輩照護壓力的上班族，高達二百二十萬人口。又針對台灣營收一千大企業所做的問卷調查發現，未來五年內，將有超過五成的主管及員工，因為要照料家人而離開職場。這個調查結果，與《日經》不謀而合。

我問小明，難道不能請全日看護嗎？或是執行其他的配套方案呢？

小明還是一貫地笑笑說，母子連心，當他回家看見母親失智的樣子，都會讓他感到心疼與內疚。他深知，能夠每日陪伴就是幸福的一天，能夠每日相處就是快樂的時光。他不後悔做這個決定，因為母親是無價之寶。

他告訴我，能夠灑脫地離開職場，沒有後顧之憂，主要是因為他過往很努力

讓你富有的心靈存摺

生命的困難點，不是因為遇到了困難而難以選擇。卻是日子過的太順利，而忘了人生有不同的選擇。

地工作，懂得理財規劃所致。因為他早已將未來的退休金準備足夠了。的確，他的高薪可以讓他無後顧之憂。但一般上班族，像他這樣可以在五十歲之前提早退休的，一定不多。多數人可能仍必須蠟燭兩頭燒，不管是請看護或自己顧，都是一種挑戰。

小明的例子，讓我知道，儘早為自己的退休規劃做準備，是一件多麼重要也緊迫的事。

他的感性之言，讓我想起十六年前的自己，也是因為母親的生病而暫離職場。那時，主管一直不讓我離職，甚至提出，可以讓我彈性上班的配套措施。我告訴主管說，因為母親時日不多，盡孝乃第一要務，就成全我吧。

我獻上對小明的祝福，並支持他的決定。我說，母親只有一個；很多人因為放不下職場光環，寧可花錢請看護，也不能失去工作，最後徒留遺憾。

關於行孝的態度，我們看法相同，難怪會是好兄弟。語畢，我們在書店閒靜地閱讀片刻，他看他的旅遊書，打算未來要帶母親去旅行；我看我的哲學書，體悟生命的真實意義。

憶雙親摯愛

我永遠記得那一幕，父子兩人在銀行櫃檯前沒有多說什麼，他只說了一句：「你真會替家裡著想。」我說：「這是我該做的。」辦完手續後，父子倆各騎各的交通工具揚長而去。

還記得多年前，傳來廣告教父孫大偉過世的消息。我特地上網查詢他的相關資料，也瀏覽一些他所分享的人生哲學。他的人生觀，取自廣告大師奧格威名言：「活著的時候一定要快樂，因為死了以後的時間很長。」或是諸如他自己說的：「人生，是一場美麗的冒險」、「我敢去面對輸，所以我經常贏」、「你敢死，所以你活著」等等，也都激勵著我。

後來，因為佛光山南台別院講座邀約的緣故，我聯絡上被譽為「台灣安寧療護之母」的趙可式博士。趙老師目前是成功大學醫學院的教授，也是台灣安寧緩和護理學會的榮譽理事長。十多年前，當我參加「安寧療護宗教人員入門課程」的志工訓練時，難得有機會聆聽趙老師的專業課程，至今仍印象深刻。

那一年的安寧病房工作，是艱辛的，也是沉重的。你會了解，人是何其脆弱。在這裡，需要的是心靈的平靜，與面對死亡的勇氣。完整一年的志工歷練，讓我的心學會更柔軟，也告訴自己，生命無常，及時行善，才能讓生活更充實快樂。

這一次在電話中，我做了自我介紹，令人開心的是，趙老師竟然還記得我。她說，我是那年參加安寧課程最年輕的志工，要不是因為我曾經投入我母親安寧療護的照顧行列，她是不可能讓一位毫無醫院志工經驗的人，來參加安寧療護的照顧工作。

上述這兩件事情，或許都與生命的歷程有關。突然間，我回想起我的職涯，雖充滿驚奇，也頗為幸運。

我踏入金融業真是純屬意外。原先在飯店上班的我，工作一年餘，受到主管的愛戴，升了官也加了薪，理應要好好做下去，心裡正盤算著，或許應該要師從嚴長壽總裁，學學他的「御風而上」；或者要像沈方正執行長一樣，過著「非比尋常的一天」。但人算不如天算，我的職場轉了彎，飯店人當不成，卻改行當了銀行員。

母親因為父親走得突然，受不了沉重的打擊，終日以淚洗面，最後積勞成疾，讓她癌症再度復發。醫生私底下告訴我「你媽媽只剩下三個月的生命」時，我知道是我該辭去工作、專心照顧母親的時候到了。因為年輕，生命看似好長；因為生病，生命又真的很短。我自忖，要陪母親走完人生的最後一秒。剛辭掉工作時，母親很擔心我沒有收入，一直要我再去找新的工作。我告訴她，我辭掉工作是要參加華信銀行的新人考試啦。這樣可以一邊照顧她，一邊在家準備考試，才讓她稍稍安心。

敵不過病魔的糾纏，母親數次在住家與安寧病房之間往返，最後受到佛祖接引，上了天堂當菩薩。而我也在她病逝的前一天，接到華信銀行的錄取通知，含著淚，帶著母親的祝福，轉戰人生的下一個戰場。

在這看似湊巧的轉換跑道，與一路順遂的職涯發展，我一直覺得，是母親冥冥之中賜給我的力量與幸運。

在銀行任職時，因為上班地點在台南市東區，離成大醫院很近，遂讓我興起回到安寧病房服務的念頭。在母親住院期間，因為有醫師、護士及志工們的悉心照料，讓病人家屬減輕些許的重擔。在我心中總有一股想要回饋的想法，希望以過來人的身分，分享並傳遞人間的溫情與美好。

或許就是這般決心，最後趙老師終於讓我如願加入安寧照顧的志工行列。在那一年的志工服務裡，白天依舊忙於業務，晚上欣喜付出，雖然很累，卻也甘之如飴。回想過去那一段歲月，竟是我生命快速成長與蛻變成熟的時光。

再分享一段父親和我之間的愛吧。

好久以前，網路興起大學生打工笨死的言論，引起社會輿論一陣探討。大學四年，我的打工經驗不少，從最輕鬆的家教、補習班行政，到工廠當黑手、大貨車捆工，無一不包。而這當中，最吃力不討好又沒錢賺的工作，當屬捆工一職。「捆工」，是我大學寒暑假暫時卸下學生身分後最常擔綱的角色。原因無他，因為我老爸就是貨車的車主，每天都有固定的公司行號會叫他的車，而我自然而然就是他的隨車小弟。我的打工費用完全免費，全給了父親。

我會如此甘願的最主要原因，是他的工作太辛苦了。看見父親搬貨物的肩膀常常瘀青又破皮，真的很想要替他分攤些什麼，我想，我能做的就是盡量幫他，減輕他的負擔。

將近二十年前，我念大三時，才知道有「助學貸款」這個政府德政。那時心想：「真棒，若能辦助學貸款，就可以不用向父親拿學費了。」那年的暑假，我一個人騎了三十分鐘的摩托車，到台灣銀行台南分行去辦理助學貸款。臨櫃問行員：「我想要辦助學貸款。」「那你的父親或母親有來嗎？」行員問我。我回說：「我不想要家人知道啊！」行員說：「不行，他們要當保證人，這是規定。」

最後，我終於釐清「助學貸款」的相關規定，只好拿起公用電話，打了一通電話回家，告訴父親，我現在人在台灣銀行，可否請他來幫忙簽名。

一個小時後，父親出現在銀行門口。我告訴他：「我想要自己負擔學費，就幫我簽個名，當一位保證人吧！」我永遠記得那一幕，父子兩人在銀行櫃檯前沒有多說什麼，他只說了一句：「你真會替家裡著想。」我說：「這是我該做的。」辦完手續後，父子倆各自騎著交通工具揚長而去。

到了大四下學期，我僅需再修九學分即可畢業。考量住宿費用，若是在外面租房子，租約都要打半年，仔細一算，我約莫五月畢業，只租三個月不划算，而且一週只有兩天有課。所以，我做了一件相當有創舉的事——上下學通車。

讓你富有的心靈存摺

當你體會生命中的一切都是豐沛無虞的，
你會發現老天會願意多給你額外的獎賞，
這些禮物包括健康、快樂、平安、幸福。

通車到哪呢？答案是台南到桃園。在那三個月的通車日子裡，每週二，我從新市火車站搭上一早七點半的復興號，北上到中壢。經過五個小時的漫長旅行，趕赴下午的第一節課，連上五節課後，晚上夜宿台北同學家。隔天一早，再到學校上完四節課，中午旋即趕搭一班南下復興號回到台南，晚間便可與家人一同共進晚餐，完成當週的通學之旅。

除了兩天上課外，其他時間就是幫父親打工，分擔他的辛勞。

父親在我出社會工作一年餘就過世了。父親對子女的愛，總是較難說出口，但我相信，他該給的一點也不會少。

意義治療大師法蘭克（Viktor Frankl）曾說：「此生短暫，所以我們專注地活在當下，將活過的每一天視為豐盈的穀倉。因為存在過的，就是一種最確實的存在。」

我相信，生命終將找到出口。或許心情有些感傷，卻是帶有力量；或許心情有些無奈，卻是遺愛人間。此時的我，體會深刻。

實戰智慧叢書 H1441

成為別人心中的一個咖 讓你的職場與人生更富有

作者 —— 吳家德
出版四部
總編輯暨總監 —— 曾文娟
資深主編 —— 鄭祥琳
行政編輯 —— 江雯婷
企劃 —— 廖宏霖
封面暨內頁設計 —— 文皇工作室

策劃／李仁芳
發行人／王榮文
出版發行／遠流出版事業股份有限公司
地址／104005台北市中山北路一段11號13樓
電話／（02）2571-0297 傳真／（02）2571-0197
郵撥／0189456-1
著作權顧問／蕭雄淋律師

2015年12月1日 初版一刷
2021年11月5日 初版六刷
售價新台幣320元（缺頁或破損的書，請寄回更換）

ISBN 978-957-32-7749-1
YL遠流博識網
http://www.ylib.com E-mail ylib@ylib.com

國家圖書館出版品預行編目（CIP）資料

成為別人心中的一個咖：讓你的職場與人生更富有
吳家德 著
-- 初版. -- 台北市 遠流，2015.12
面； 公分.--（實戰智慧叢書；H1441）
ISBN 978-957-32-7749-1（平裝）
1.職場成功法 2.自我實現 3.通俗作品
494.35 104024824